物理能量转换

图文并茂，具有趣味性、知识性

TANSUOJIGUANGSHIJIE

探索激光世界

编著◎吴波

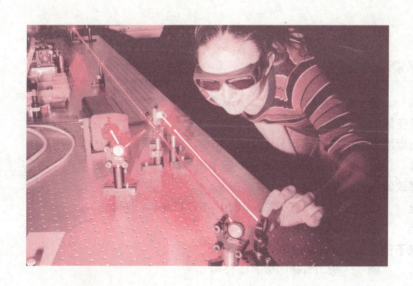

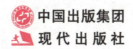

中国出版集团

现代出版社

图书在版编目（CIP）数据

探索激光世界／吴波编著．—北京：现代出版社，
2013.1（2024.12重印）
　（物理能量转换世界）
ISBN 978 - 7 - 5143 - 1036 - 8

Ⅰ.①探… Ⅱ.①吴… Ⅲ.①激光 - 青年读物②激光
- 少年读物 Ⅳ.①TN24 - 49

中国版本图书馆 CIP 数据核字（2012）第 292903 号

探索激光世界

编　　著	吴　波	
责任编辑	张　晶	
出版发行	现代出版社	
地　　址	北京市朝阳区安外安华里 504 号	
邮政编码	100011	
电　　话	010 - 64267325　010 - 64245264（兼传真）	
网　　址	www. xdcbs. com	
电子信箱	xiandai@ cnpitc. com. cn	
印　　刷	唐山富达印务有限公司	
开　　本	710mm×1000mm　1/16	
印　　张	12	
版　　次	2013 年 1 月第 1 版　2024 年 12 月第 4 次印刷	
书　　号	ISBN 978 - 7 - 5143 - 1036 - 8	
定　　价	57. 00 元	

前 言

　　光是人类眼睛可以看见的一种电磁波，也称可见光谱。光在科学上的定义，是指所有的电磁波谱。光是由光子为基本粒子组成的，具有粒子性与波动性，称为波粒二象性。光可以在真空、空气、水等透明的物质中传播。人们看到的光来自于太阳或借助于产生光的设备，比如说激光。

　　激光是 20 世纪以来，继原子能、计算机、半导体之后，人类的又一重大发明，被称为"最快的刀"、"最准的尺"、"最亮的光"（激光的亮度约为太阳光的 100 亿倍）。伟大的科学家爱因斯坦在 1916 年提出了一套全新的理论。这一理论是说在组成物质的原子中，有不同数量的粒子（电子）分布在不同的能级上，在高能级上的粒子受到某种光子的激发，会从高能级跳到（跃迁）到低能级上，这时将会辐射出与激发它的光相同性质的光，而且在某种状态下，能出现一个弱光激发出一个强光的现象。这就叫做"受激辐射的光放大"。1964 年，我国著名科学家钱学森建议将"光受激发射"改称"激光"。激光在有理论准备和生产实践迫切需要的背景下应运而生。

　　激光具有高亮度、高方向性、高单色性和高相干性（单色性与相干性意义相同）。在激光发明前，人工光源中高压脉冲氙灯的亮度最高，与太阳的亮度不相上下，而红宝石激光器的激光亮度，能超过氙灯的几百亿倍。因为激光的亮度极高，所以能够照亮远距离的物体。红宝石激光器发射的光束在月球上产生的照度约为 0.02 勒克斯（光照度的单位），颜色鲜红，激光光斑明显可见。激光亮度极高的主要原因是定向发光。大量光子集中在一个极小的空间范

围内射出，能量密度自然极高。激光的亮度与阳光之间的比值是百万级的，而且它是人类创造的。

1962 年，人类第一次使用激光照射月球，地球离月球的距离约 38 万千米，但激光在月球表面的光斑不到 2000 米。若以聚光效果很好，看似平行的探照灯光柱射向月球，按照其光斑直径将覆盖整个月球。这是因为普通光源是向四面八方发光。要让发射的光朝一个方向传播，需要给光源装上一定的聚光装置，如汽车的车前灯和探照灯都是安装有聚光作用的反光镜，使辐射光汇集起来向一个方向射出。激光器发射的激光，天生就是朝一个方向射出，光束的发散度极小，大约只有 0.001 弧度，接近平行。

经过数十年的发展，激光现在几乎是无处不在，它已经被应用在生活、科研的方方面面：激光针灸、激光裁剪、激光切割、激光焊接、激光淬火、激光唱片、激光测距仪、激光陀螺仪、激光铅直仪、激光手术刀、激光炸弹、激光雷达、激光枪、激光炮……它的发展使古老的光学科学和光学技术获得了新生。在不久的将来，激光肯定会有更广泛的应用。

激光的出现还引发了一场信息革命，从 VCD、DVD 光盘到激光照排，激光的使用大大提高了效率，方便了人们保存和提取信息。"激光革命"的意义非凡。激光的空间控制性和时间控制性很好，对加工对象的材质、形状、尺寸和加工环境的自由度都很大，特别适用于自动化加工。激光加工系统与计算机数控技术相结合可构成高效自动化加工设备，已成为企业实行适时生产的关键技术，为优质、高效和低成本的加工生产开辟了广阔的前景。目前，激光技术已经融入我们的日常生活之中了，在未来的岁月中，激光会带给我们更多的奇迹。

本书从激光与激光器、激光的应用、激光与航空、激光与能源、激光武器等多种角度阐述了激光这一举世瞩目的重大科技成就，并探索了人类利用激光技术的新途径和新的应用渠道，有助于读者全面地了解激光的知识，正确地看待激光和人类的关系，为维护世界和平而努力。

目 录

激光与激光器概述
JIGUANG YU JIGUANGQI GAISHU

激光的原理早在 1916 年已被著名的物理学家爱因斯坦发现，但直到 1960 年才获得第一束激光。激光问世后，获得了异乎寻常的飞快发展，激光的发展不仅使古老的光学科学和光学技术获得了新生，而且导致了一门新兴产业的出现。激光可使人们有效地利用先进的方法和手段，去获得空前的效益和成果，从而促进了生产力的发展。

1960 年 5 月 15 日，美国加利福尼亚州休斯敦实验室的科学家梅曼宣布获得了波

爱因斯坦

长为 0.6943 微米的激光，这是人类有史以来获得的第一束激光，梅曼因而也成为世界上第一个将激光引入实用领域的科学家。7 月 7 日，梅曼研制成功世界上第一台激光器，梅曼的研制方案是，利用一个高强闪光灯管，来刺激在红宝石色水晶里的铬原子，从而产生一条相当集中的纤细红色光柱，当它射向某一点时，可使其达到比太阳表面还高的温度。

激光产生的理论基础

一、原子的结构和能级

我们知道，一切物质都是由原子组成的，而原子又是由原子核和绕原子核不停地转动的电子所组成的，原子核带正电，核外电子带负电，电子绕原子核转动有离开的趋势。而正负电荷相吸引又有使它们靠近的趋向。两者对立统一，使电子与原子核之间保持一定的距离。在没有外界作用时，这个距离不变。不同的原子，绕原子核转动的电子数目也不相同，这些电子按照一定规律分布在若干层特定的轨道上。

原子模型图

最简单的原子就是氢原子，它只有一个电子绕原子核运动。电子运动就有一定的动能，电子被原子核吸引又有一定的势能，两者之和称为原子的内能。当核与电子间的距离保持不变时，原子的内能也不会改变。如果在外界作用下，电子与原子核的距离增大，原子的内能就增加，反之，使电子与原子核的距离减小，内能就减少。不过原子内能的变化并不是连续的，而是一级一级地分开的，即电子运动的轨道半径只可能取一系列的分立值，这是一切微观粒子（原子、分子、离子）的共同属性。

氢原子中虽然只有一个电子，但这个电子的运动轨道并非只有一条，而是有若干条。电子究竟处在哪一条轨道上运动，就要看原子内能的大小了。

通常情况下，电子在距原子核最近的轨道上运动，即原子处于最低的能量状态（稳定状态）。当外界向原子提供能量时，原子由于吸收了外界能量而引起自身的能量状态发生变化，即能量提高了，此时原子中的电子就会从低轨道跳（跃迁）到某一高轨道上去。外界提供的能量越大，电子的轨道就越高。或者说，电子轨道的高低，反映了原子的能量状态。电子的轨道高，就意味着原子处于高能态；电子的轨道低，就意味着原子处于低能态。原子处于每一个能量状态时，都有一个确定的能量值，这些数值各不相等，把它们用高低不同的水平线形象地表示出来，就叫做原子的能级图。不同的原子能级结构也不相同。

原子丢失其外层电子就成为离子。离子的能级结构与原子的能级结构类似。分子由原子构成，其能级结构，包括电子能级、原子振动能级和分子转动能级，比较复杂。电子、原子和分子都极其微小，习惯上统称它们为微观粒子。为了形象起见，常按微观粒子系统稳定态能量的大小，取某种比例的一定高度的水平线来代表系统的能态高低。高者叫高能级，低者叫低能级，各水平线统称为能级。它们构成的图叫做系统的能级图。通常为简明扼要，并不一定在能级图上画出所有能级，而只画上与所研究的物理现象有关的能级。

在自然界，任何物质的发光都需要经过两个过程，即受激吸收过程和自发辐射过程。受激吸收过程是指当物质受到外来能量如光能、热能、电能等的作用时，原子中的电子就会吸收外来能量（如一个光子），从低轨道跃迁到高轨道上去，或者说处于低能态的粒子会吸收外来能量，跃迁至高能态。由于吸收过程是在外来光的激发下产生的，所以称之为"受激吸收"。

自发辐射过程，被激发到高能级上的粒子是不稳定的，它们在高能级上只能停留一个极为短暂的时间，约为一亿分之一秒，然后立即向低能级跃迁。这个过程是在没有外界作用的情况下完全自发地进行的，所以称为"自发跃迁"。粒子在自发跃迁过程中，要把原先吸收的能量释放出来，释放能量转变为热能，传给其他粒子，这种跃迁叫做"无辐射跃迁"，当然就不会有光子产生。

另一种是以光的形式释放能量（叫做自发辐射跃迁），即向外辐射一个光子，于是就产生了光。自发辐射过程放出的光子频率，由跃迁前后两个能级之间的能量差来决定，可见，两个能级之间的能量差越大，自发辐射过程所放出的光子频率就越高，如同弹琴，如果用力拉紧琴弦，琴发出的音调频率就高，反之则低。

自发辐射光极为常见，普通光源的发光就包含受激吸收与自发辐射过程。前一过程是粒子由于吸收外界能量而被激发至高能态；后一过程是高能态粒子自发地跃迁回低能态并同时辐射光子。当外界不断地提供能量时，粒子就会不断地由受激吸收到自发辐射，再受激吸收，再自发辐射，如此循环不止地进行下去。每循环一次，放出一个光子，光就这样产生了。以电灯为例：接通电源后，电流流经灯泡中的发光物质——钨丝，钨丝被灼热，使钨原子跃迁至高能态，然后又自发跃迁回低能态并同时辐射出光子，于是灯泡就亮了。

自发辐射的特点是，由于物质（发光体）中每个粒子都独立地被激发到高能态和跃迁回低能态，彼此间没有任何联系，所以各个粒子在自发辐射过程中产生的光子没有统一的步调，不仅辐射光子的时间有先有后，波长有长有短，而且传播的方向也不一致。因为自发辐射光是由这样许许多多杂乱无章的光子组成的，所以我们通常见到的光，是包含许多种波长成分（即多种颜色）、射向四面八方的杂散光。阳光、灯光、火光等普通光都属于自发辐射光。

二、受激辐射"激"出激光

粒子从高能态向低能态跃迁，并非只能以自发方式进行，处于高能态的粒子可以在没有外界因素的影响下自发地向低能态跃迁，也可以在外界因素的诱发和刺激下向低能态跃迁，而且在跃迁中同样也向外辐射光子。由于后一种过程是被"激"出来的，所以就叫做"受激辐射"过程。

在受激辐射过程中产生并被放大了的光，便是激光。激光与普通光既有相同之处，又有不同之处。相同之处是：两种光在本质上没有区别，既是电磁波，又是粒子流，具有波粒二象性。不同之处在于：普通光是一种杂乱无章的混合光，而激光则是频率、方向、位相都极其一致的

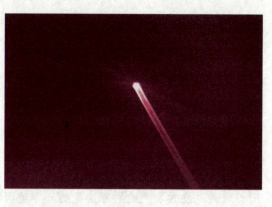

激 光

"纯"光。根据光学理论，两束光相干的条件是同频率、同振动方向、位相相同或位相差恒定。显然，受激辐射所产生的激光是相干光，而普通光是非相干光。

知识点

离 子

离子是指原子由于自身或外界的作用，而失去或得到一个或几个电子，使其达到最外层电子数为8个或2个的稳定结构。这一过程称为电离。电离过程所需或放出的能量称为电离能。与分子、原子一样，离子也是构成物质的基本粒子。

延伸阅读

为何需要淘汰白炽灯泡

白炽灯泡由美国发明家爱迪生所发明，为最早成熟的人工电光源，它是利用灯丝通电发热发光的原理发光的。一般而言，白炽灯泡的发光效率较低，寿命也较短，但使用上较方便。爱迪生发明白炽灯为人类文明的发展作出了很大的贡献，给人类带来了光明。但白炽灯与当今的荧光节能灯、LED 节能灯相比，其发光原理、发光与电能效率低下，寿命也比较短，发热量以及安全性方面，均不可与荧光节能灯、LED 灯相比，为了节能、环保，所以需要逐步淘汰白炽灯。

激光器的组成

激光器

能产生激光的系统，我们称之为激光器。激光器的分类目前尚无统一的标准。如按工作介质区分，有固体、气体、液体、半导体激光器；按功率大小区分，有微功率、小功率、中功率、大功率激光器；按不同的用途区分，有工业加工用激光器、通信用激光器、医用激光器、测量用激光器等；按工作状态区分，有脉冲激光器和连续波激光器；按频谱区分，有红外激光器、可见光激光器、紫外线激光器、X 射线激光器等，其中紫外线激光器由于大部分是以准分子为工作介质的，故又称之为准分子激光器。

一、激励源

自发辐射显然是形不成激光的，而受激辐射也只是激光产生的理论基础。要激励出激光来，还必须采取手段创造必要的物质条件。

粒子数的正常分布：激光是在受激辐射中产生的，受激辐射要求粒子处在高能态。可是，在通常情况下，物质中绝大多数粒子处于稳定状态（稳态），因为在正常热平衡的条件下，粒子有自发从高能级向低能级跃迁的趋势，这样，低能级上的电子数要比高能级上的电子数多得多。能态越高，粒子数目就越少，此时粒子分布规律好像金字塔，下面大，上面尖，越往高处越少。这就是说，处于低能级的粒子数在热平衡的情况下总是多于高能级上的粒子数，因而受激吸收总占优势，这就称之为"粒子数正常分布"。

在这种情况下，由于在实验中很难观察到个别粒子究竟是受激吸收还是受激辐射，实际只能观察到两种过程的宏观结果。因此，只能看到占优势的粒子体系的吸收现象，而受激辐射则观察不到。普通光源，如电灯、高压汞灯等都是如此。也就是说，在"粒子数正常分布"的情况下，无论你怎样"激"，也出不了激光。

粒子数的反转分布：为了产生受激辐射，就必须变革粒子的常规分布状态，来个"粒子大搬家"，将处在低能态的粒子"搬"到高能态上去，使高能态的粒子数大于低能态的粒子数。由于它同正常粒子数分布相反，所以叫粒子数反分布。此状态激光理论中有个统一叫法——"粒子数反转"或"集居数反转"，处于粒子数反转的粒子体系是不稳定的，如果这时有合适的诱发光子刺激它，则受激辐射就会发生而产生激光。可见，实现粒子数反转便是实现激光产生的先决条件。

"搬运"粒子的工具：要想把处于低能态的粒子送到高能态去，就得有外

力借助工具来实现。这个过程类似于把水位很低的河水或井水抽运到水塔上的蓄水池里，必须要有足够功率的水泵做功才行。同理，要实现粒子数反转，首先必须消耗一定的能量把大量粒子从低能级"搬运"到高能级，这种过程在激光理论上叫做泵浦或激励。由于其作用原理和水泵抽水相类似，所以把能使大量的粒子从低能态抽运到高能态的激励装置通称之为"光泵"。

"光泵"只是在解释粒子数反转时借用的一种形象的说法，实际上粒子都是甘居低能态的，而且很顽固，并不是像水一样很容易地就被泵抽运走了。即使费了很大劲把一部分抽运到了高能态，但它们很快就又自发地跃回低能态了，怎么办呢，那就需要加大能量不停顿地来轰击。就是说，激励不仅要快，而且要强有力。激励作用总是通过消耗一定的能量来实现的。

激励能量的大小和采用的形式视各式各样激光工作物质的不同而异。固体工作物质（如红宝石），相邻粒子之间间距很小，粒子外层能级相互接壤，甚至重合，形成许多具有一定宽度的能带，这些能带易于吸收光泵的光能而使粒子被激发，因而固体工作物质常用强光照射激励，称为光激励。这时的阈值常用泵灯的光功率或能量来表示；气体中，由于粒子之间间距大，相互作用弱，能带极窄，它们吸收光潜多在紫外波段，因此在技术上用光激励难度较大，所以多采用气体放电的电子碰撞激励方法。气体放电的实现多通过辉光技术放电或高频放电。不同的气体工作物质，其阈值大小也不同。气体激光工作物质，除电激励外，像二氧化碳分子气体，亦可采用光激励、热能激励或核能激励，但也有用化学反应能（简称化学激励）的。正在发展的还有利用激光、冲击波、电子束等激励的；液体激光工作物质类似固体，多用光激励；半导体激光工作物质多用直流或脉冲电注入式、光泵、高速电子轰击等激励方式。化学激光工作物质多利用化学反应能激励。各种激励方式又有脉冲和连续之分。前者指激励和激光的输出均以脉冲方式工作；后者指激励和激光的输出是连续的。我们把能提供合适的激励能量的装置称之为激光器的激励源。

二、工作介质

在大千世界里，各种各样的物质都是由分子、原子、离子等微观粒子组成的，如果有了强大的激励是不是都能在物质中实现粒子数反转而产生激光呢？不是的，激励只是一个外部条件，激光的产生还取决于合适的工作物质，也称之为激光器的工作介质，这才是激光产生的内因。

亚稳态级：前面我们所讲到的都是以二能级系统为例来讨论的，也就是说工作物质只有高、低两个能级。实际上，目前所有已实现的激光辐射都是三能级或四能级系统，尚未看到二能级系统的实例。为什么呢？这是因为对于一个只含有高能级和低能级的二能级系统来说，在正常情况（即热平衡状态）下吸收能量从低能级跃上高能级的概率同处于高能级的粒子放出多余的能量跃回低能级的概率相等，二者又是同时进行的。这样，在没有外界激发作用时，体系处于热平衡状态，低能级上的粒子数多于高能级上的粒子数。尽管随着激发作用的持续和加强，低能级上粒子数减少，高能级上粒子数增加，但当粒子在高、低能级间吸收的光子数等于放出的光子数，或者说，无论怎样激发，从低能级跃上高能级有多少粒子，同时就有相同数目的粒子又从高能级跃回低能级，无法实现粒子数反转。但如果能在二能级系统中增加一个可以有较长寿命并能贮存大量粒子的能级时，经过不断地激发，粒子数反转就可以实现。我们把这样的能级称之为"亚稳态级"。很显然，只有具备了有亚稳态级的物质才有产生激光的可能。

三、谐振腔

合适的工作物质有了，实现粒子数反转的激励源有了，这下子该可以"激"出激光了吧！还不行，因为人们在实验中发现这样虽然可以产生受激辐射，但非常微弱，根本形不成可供人们使用的激光。这很自然地使人们想到了采用放大的办法来解决这个阿题，于是出现了光学谐振腔。

激发光子与诱发光子：在工作物质中实现了粒子数反转，即在亚稳态下积累大量粒子后，由于亚稳态相对于稳态来说仍然是不稳定的，所以聚集在亚稳态上的电子，总要有一些首先自发地向稳态跃迁，产生自发辐射光，这些自发辐射光子射中亚稳态上的其他粒子时，就会诱发受激辐射，产生受激辐射光子。能诱发受激辐射的光子我们称它为"诱发光子"。在前面我们曾提到过诱发光子，并没有交代受激辐射最初的诱发光子究竟是从哪里来的。实际上它是来自这里的自发辐射，是产生激光的"火种"，注意这个"诱发光子"不同于激发光子。激发光子来自于工作介质之外的激励源，也就是光泵；而诱发光子却是来自工作介质内部的自发辐射。

激光的振荡放大：为了把最初激光工作介质中微弱的受激辐射变为可供人们使用的激光，就必须产生所谓的光振荡，以达到介质中产生持续的光放大的目的。

要产生激光振荡，人们自然会联想到无线电技术中早已实现的由晶体管振荡器中电感和电容组成的振荡回路和微波振荡器中的谐振腔。微波谐振腔的尺寸和工作波长相当，但光波波长极短，不能采用像微波技术中所用的那种封闭式谐振腔。不过在晶体管振荡器电路中，常用某种方式从输出端取出一部分电功率，又把它反馈到输入回路，进行再放大输出。这启发人们利用光学干涉仪的技术，即利用两个面对面的反射镜，使放大了的光在镜间来回被反射，反复通过镜间的介质不断再放大，即反馈放大。两个反射镜可以是平面，也可以是球面。其中一个要求是反射率为100%的全反射镜，另一个是部分反射镜。比如，反射率为95%时，5%的光透射出去供人应用，从而构成光学谐振腔。因为其侧面是敞开的，所以，又称做"开放腔"。当把激光介质置于两反射镜之间后，即可构成激光振荡器。当外界强光激励置于两镜间的激光介质时，就在亚稳态级与稳态级之间实现了粒子数反转。处于亚稳态级的粒子当自发地跃迁到低能级时将自发辐射光子，但这种发射是无规律地射向四面八方，其中一部分可以诱发激发态上的粒子产生受激辐射。

> ### 介 质
>
> 波动能量的传递，需要某种物质基本粒子的准弹性碰撞来实现。这种物质的成分、形状、密度、运动状态，决定了波动能量的传递方向和速度，这种对波的传播起决定作用的物质，称为这种波的介质。

粒 子

指能够以自由状态存在的最小物质组分。最早发现的粒子是电子和质子，1932年又发现中子，确认原子由电子、质子和中子组成，它们比起原子来是更为基本的物质组分，于是称之为基本粒子。以后这类粒子发现越来越多，累计已超过几百种，且还有不断增多的趋势；此外这些粒子中有些粒子迄今的实验尚未发现其有内部结构，有些粒子实验显示具有明显的内部结构。看来这些粒子并不属于同一层次，因此基本粒子一词已成为历史，如今统称之为粒子。

激光的特点

一、方向性好

方向性即光束的指向性，常以 α 角大小来评价，α 角越小光束发散越小，

方向性越好。若 α 角趋于零，就可近似地把它称做"平行光"。灯光、阳光等普通光是射向四面八方的，根本谈不上方向性。虽然人们放置光源于透镜或凹面反射镜的焦点上，获得近似"平行光"，但因光源总有一定大小，镜面不可能做到绝对准确，加之镜子孔径衍射引起的发散，就是普通光中方向性最好的探照灯的光束也总有 0.01 弧度的发散角，这是普通光目前利用光学系统后方向性达到的最高水平。由于谐振腔对光振荡方向的限制，激光只有沿腔轴方向受激辐射才能振荡放大，所以激光射束具有很高的方向性。当然，由于谐振腔反射镜对光存在衍射极限，如不采取一定措施，想使发散角为零是相当困难的。尽管如此，激光的发散角一般在毫弧度数量级，比探照灯光的发散角小 10 倍以上，比微波小约 100 倍。激光束借助光学发射系统，发散角可小到几乎是零，接近于平行光束。

光束的发散角小，对于实际应用具有重要的意义。首先可以减小光学发射系统中光学透镜或反射镜等元件的孔径尺寸；更重要的是光束发散越小，在某一方向上光能量越集中，因此可以射得很远。如借助光导发射系统的红宝石激光系统，在几千千米外接收到的光斑张角只有一个茶杯口大小，就是照到月球下，光斑也不过 2 千米大小。因此，利用激光才首次实现了地球到月球的精确测距。而普通光方向性最好的探照灯，假定光强度足够大（实际达不到），照到月球上的光斑直径至少也有几万千米，可以覆盖整个月球。由于激光的方向性好，强度又高，因此可以瞄得准，射得远。利用这个特性制成激光测距机和激光雷达，它们测量目标的距离、方位和速度比普通微波雷达要精确得多。如用激光对月球测距，38.4 万千米误差才 1 米（最好的纪录为 10 厘米），非常精确。激光雷达能自动精密跟踪飞机、导弹、卫星等高速运行体，还可用来测量云层的分布和侦察大气污染情况。用激光进行短距离地面通信，保密性特别强，不易被敌方截获和干扰。此外，利用激光的高方向性可以制成激光制导武器，使命中率大为提高。在兴修水利、修建铁路和公路中，需要挖掘长距离隧道时，可以用激光来"导向"，沿着激光照射的方向进行施工，隧道便打得又准又直。

二、单色性好

阳光是红、橙、黄、绿、蓝、靛、紫各种颜色光的混合。一种光所包含的波长范围越小，它的颜色就越纯，看起来就越鲜艳，通常我们把这种现象称之为单色性高。一般把波长范围小于几埃的一段辐射称为单色光，发射单色光的光源称为单色光源。和激光束的发散角是衡量光束方向性好坏的标志一样，谱线宽度则是衡量单色性优劣的标准。

人们在长期的生产和科学实验中，已经创造出很多单色光源，如各种霓虹灯、水银灯、钠光灯等。以往最好的单色光源是同位素氪（86）灯，它在低温下发出的光波波长范围只有约 0.005 埃，室温下的谱线宽度为 0.0095 埃，因此它的颜色很鲜艳。激光的出现，在光的单色性上引起了一次大的飞跃。如单色性好的氦氖激光波长范围比千万分之一埃还要小，最小的已经达到一千亿分之几埃，它的单色性比普通光真不知要好多少亿倍。因此，激光是颜色最纯、色彩最鲜的光。

激光的这种高单色性有什么意义呢？大家知道，在日常生活和工作中，测量长度是十分重要的。如果测量的精密度要求很高，靠米尺、游标卡尺、千分尺等都不行，那人们就得用光波的波长做单位来测量长度。因为光波波长越短，精密测量就越准确，这种"光尺"能够准确地测量最大长度取决于光的单色性，单色性越好，准确测量的最大长度就越大。过去用最好的一单色光源氪灯进行测量，只能测得 38.5 厘米的最大长度，而现在用氦氖激光器可以测得几十千米长，误差却很小很小。在激光单色性基础上发展起来的"拍频技术"，可以用来极精密地测定各种移动、转动和振动速度，每秒移动几个微米或每秒转动十分之一度的速度都可以被测出来，同无线电技术相类似，在光通信中采用光外差探测时，其波长或频率范围越小，就越可以提高接收机的信噪比（信号和噪声的比值，越大越好）和灵敏度，单色性对在背景光干扰下进行特征识别也非常有利。此外，人们正在用红、绿、蓝三种激光作为基色来合成各种十分鲜艳、逼真的色彩，应用于彩色电视技术中制作激光大屏幕投影电视。

三、亮度高

简单讲，亮度是指光源在单位面积上的发光强度。它是评价光源明亮程度的重要指标。

为了生产实践的需要，光学上规定：光源在单位面积上，向某一方向的单位立体角内发射的光功率称为光源在这个方向上的亮度。在一般照明工程中，亮度单位是"熙提"。简单地讲，1 熙提就是在 1 平方厘米单位面积上的发光强度为 1 烛光。

大家知道，电灯要比蜡烛亮得多，炭弧灯又比电灯更亮，而超高压水银灯比炭弧灯又要亮出十几倍。那么，世界上最亮的光源是什么呢？人造小太阳（长弧氙灯）的出现，它的亮度已经赶上了太阳。而高压脉冲氙灯更比太阳亮不下 10 倍。但在激光面前，无论是太阳、人造小太阳，还是高压脉冲氙灯，它们的亮度都算不了什么。一支功率仅为 1 毫瓦的氦氖激光器的亮度，就比太阳约高 100 倍。这在光源亮度上是一次何等惊人的大飞跃啊！我们可以毫不夸张地说，激光是现代最亮的光源。迄今为止，唯有氢弹爆炸瞬间的强烈闪光，才能与它相提并论。在这里我们应该注意的是，绝不能把激光的亮度误解为激光器所能给出的光能量，比相同时间内太阳光给出的还多。实际上这是由于激光把脉冲宽度压的很窄、光束的发散角又很小的缘故。

激光的这种高亮度特性有什么意义呢？我们可能都作过这种实验：如果在烈日下用透镜聚焦，很容易把火柴点燃，或把纸片烧一个洞，就是说光亮能够变成热能。我们只要会聚中等亮度的激光束，就可以在焦点附近产生几千度到几万度的高温，它能使某些难熔的金属和非金属材料迅速熔化以至汽化。因此，目前工业上已成功地利用激光进行精密打孔、焊接和切割。比如，现在已广泛采用激光束加工钟表轴承用的红宝石、尼龙喷丝头、金属拉丝模等，能在上面打出头发丝那么细的小孔。用激光束裁剪衣料则更是方便，功率为 100 瓦左右的二氧化碳激光器，在厚厚的一叠衣料上而，按照预定的程序走一圈就把上百件衣料一次裁好了。

四、相干性好

激光是一种相干光，这是激光这一崭新光源与普通光源最重要的区别。那么，什么是光的相干性呢？我们不妨用水波来进行解释：当你同时向平静的湖水中投入两块石头后，它们就各自组成了一组水波。两组水波各自进行独立的传播，但又互相影响，相互干扰，这叫"波的干涉现象"。如果我们再仔细观察这两组水波相互干涉时，就会进一步发现，要是两组波峰与波峰相遇，则波浪起伏得更高；同样，如波谷与波谷相遇，则波浪凹处会变得更深。要是一组水波的波峰与另一组水波的波谷相遇，那么波浪就将互相抵消。这种现象就称为"波的叠加现象"。波的叠加原理是，每一个波在其所到达的区域内，都独立地激发起振动，与是否同时存在其他波无关；而当两列波产生干涉，同时作用于某一点时，则该点的振动等于每列波单独作用时所引起的振动的代数和。我们把能够产生干涉现象的两列波称为"干涉波"。发出相干波的波源称为"相干波源"。

光是一种电磁波，同其他波一样，光也存在着干涉现象，也适用叠加原理。在两列光波互相加强的位置，看起来应该比一列光波更明亮；而在两列光波互相削弱的位置，看起来就会比只有一列光波时还暗；当两列光波所引起的振动恰能互相抵消时，这些位置看起来应该是全黑的。这种明暗相间的条纹的出现，就是"光的干涉现象"。

是不是随便两束光相遇都能产生光的干涉现象呢？不是的。只有两列光波的频率完全相同，它们的振动方向也相同，而且它们振动的步调之间始终保持着一种确定的关系（光学上称为"相位差恒定"）时，才能产生干涉。普通光源由不同两点发出的光，即使频率相同（例如，同是30W的日光灯），方向相同，但在"相位"上不能保持确定的关系，所以仍然不能相干。激光的相干性是同激光的单色性、方向性密切相关的。单色性、方向性越好的光，它的相干性必定越好。

我们可以利用激光的这种相干性，将其能量会聚在空间极小的区域内，所

以激光能聚得很小产生极大的能量，从而用来引发热核聚变。如果把核燃料做成比小芝麻粒还要小的固体微型小球，然后用激光作为点火器去照射它，就可以使微型小球加热到上亿度的高温，它所产生的能量密度高达每立方厘米1千万亿焦耳。这样高的能量密度，相当于几十吨炸药集中在1立方米的体积内爆炸所产生的能量密度，即达到了原子弹爆炸时所得到的超高能量密度的数量级。

全息照相是成功地应用激光相干性的一个例子。激光经过分束装置分为两束，一束光直接射到底片上，称为"参考光束"；另一束光经过被拍照物体反射后再射到底片上，称为"物光束"。两束光在底片上形成干涉条纹，这样感光的底片就是全息照片。全息照片不但形象逼真，立体感极强，特别奇妙的是，在看全息照片时，观看者改变不同的观察角度，便会看到照片中不同位置的景物。更奇妙的是，一张全息照片即使大部分已经损坏，只剩下一个角落，依然可以重现全部景物。

不过需要指出，上述四个特点是笼统地就激光在其整体上与普通光相比较而言的。其实，在实际应用中无需对四个特性都提出很高的要求。例如：全息照相的主要要求是单色性和相干性好；激光通信主要要求是方向性、单色性和相干性好；激光测距主要要求是方向性好和高亮度；激光武器主要要求则是高亮度和方向性好，等等。应用目的不同，就应选用或研制不同特点的激光器。激光虽有许多独特而优异的性能，但它并不能完全取代所有的普通光，如大面积照明激光就不适用。

➡ 知识点 ▶▶▶▶

衍 射

衍射，又称为绕射，是波遇到障碍物或小孔后通过散射继续传播的现象。衍射现象是波的特有现象，一切波都会发生衍射现象。

延伸阅读

雷达的应用

雷达在白天黑夜均能探测远距离的目标，且不受雾、云和雨的阻挡，具有全天候、全天时的特点，并有一定的穿透能力。因此，它不仅成为军事上必不可少的电子装备，而且广泛应用于社会经济发展（如气象预报、资源探测、环境监测等）和科学研究（天体研究、大气物理、电离层结构研究等）中。星载和机载合成孔径雷达已经成为当今遥感中十分重要的传感器。以地面为目标的雷达可以探测地面的精确形状。其空间分辨率可达几米到几十米，且与距离无关。雷达在洪水监测、海冰监测、土壤湿度调查、森林资源清查、地质调查等方面显示了很好的应用潜力。

激光器的种类

一、坚固耐用的固体激光器

固体激光器的工作物质是在基质材料的晶体或玻璃中均匀地掺入少量的激活离子（指能级结构具备光放大条件的离子）。真正发光的是激活离子，如红宝石三能级系统中的铬离子。因此，又称为固体离子激光器。激活离子按元素周期表中所分有两类：过渡性金属元素——铬、锰、钴、镍、钒等；大多数稀土元素——镝、钬、铒、钕等；个别放射性元素如铀等。每种激活离子都具有与之相适应的一种或几种基质材料。晶体已有上百种，玻璃几十种，但真正实用的基质材料不过是红宝石和硅酸盐、硼酸盐、磷酸盐、硼硅和氟化物玻璃等几种。

固体激光器

固体材料的活性离子密度介于气体和半导体之间。固体材料的亚稳态寿命比较长，自发辐射的光能损失小，贮能能力强，故适于采用所谓的调α技术产生高功率脉冲激光。另外，固体材料的荧光线较宽，经"锁模"后可以获得超短脉冲的超强激光辐射。固体激光器中，红宝石是二能级系统，其余大都是四能级系统。固体激光器通常用泵灯进行光激励，所以寿命和效率受到泵灯的限制。尽管如此，固体器件小而坚固，脉冲辐射功率很高，所以应用范围较广泛。

二、小巧玲珑的半导体激光器

固态物质中，允许大量电子自由自在地在它里面流动的叫导体；只允许极少数电子通过的叫绝缘体；导电性低于导体又高于绝缘体的叫半导体。激光工作物质采用半导体的激光器叫半导体激光器。尽管半导体本身也是固体，而且发光机理就本质上讲与固体激光器没有多大差别，但由于半导体物质结构不同，产生激光的受激辐射跃迁的高能级和低能级分别是"导带"和"价带"，辐射是电子与"空穴"复合的结果，具有其特殊性，所以没有将它列入固体激光器。

半导体激光工作物质有几十种，较为成熟的激励方式有光泵

半导体激光器

浦、电子轰击、电注入等。

半导体激光器体积小、重量轻、寿命长、结构简单，因此，特别适于在飞机、军舰、车辆和宇宙飞船上使用。有些半导体激光器可以通过外加的电场、磁场、温度、压力等改变激光的波长，即所谓的调谐，可以很方便地对输出光束进行调制；半导体激光器的波长范围为 0.32～34 微米，较宽广。它能将电能直接转换为激光能，效率已达 10% 以上。所有这些优点都使它受到重视，所以发展迅速，目前已广泛应用于激光通信、测距、雷达、模拟、警戒、引燃引爆和自动控制等方面。

半导体激光器最大的缺点是：激光性能受温度影响大，另外，效率虽高，但因体积小，总功率并不高，室温下连续输出不过几十毫瓦，脉冲输出只有几瓦到几十瓦。光束的发散角，一般在几度到十几度之间，所以在方向性、单色性和相干性等方面较差。

三、结构简单的气体激光器

以气体为工作物质的激光器称为气体激光器。它是目前品种最多、应用很广泛的一类激光器。单色性和相干性都比较好，能长时间较稳定地工作，大都能连续工作。激光波长已达数千种，广泛地分布在紫外到远红外波段范围内。一般说来，气体激光器结构简单、造价低廉、操作方便。由于上述优点，在民用和科学研究中，比如工农业、医学、精密测量、全息技术等方面应用很广。但多数气体激

气体激光器

光器工作气体的气压较低，单位体积中的粒子数大约只有固体中激活离子数的千分之几，所以瞬时功率不高，不过少数气体激光器，不论脉冲辐射功率还是

连续辐射功率都达到了相当高的水平。

气体激光工作物质有原子、离子和分子气体三大类。原子气体都是中性的，激活成分分惰性气体和金属蒸气等。惰性气体原子的激光波长大都分布在红外、远红外区，少数在可见光范围，氦氖气体是其典型代表。原子丢掉最外层的电子后就成了离子，丢掉几个电子就叫几价离子。气态离子的激光工作物质大致也分两类，氩、氪等惰性气体离子激光器；硒、锌、铜等金属蒸气离子激光器。离子气体激光功率虽比原子气体高一些，但激光波长大多数在紫外和可见光部分，所以使用有一定的范围。

中性气体的激活成分有三类：一氧化碳、氮气、氢气、氧气等双原子分子；二氧化碳、氧化二氮、水蒸气等三原子分子以及少数多原子分子。分子气体激光器的特点是：波长范围最广，从紫外到远红外都有激光产生，输出功率大，转换效率高。其中二氧化碳激光波长为 10.6 微米，正好落在大气窗口，能在大气中传得很远，又处于不可见的中红外区，功率大、效率高，所以，在军事上应用很广。

在气体激光介质中，除激活成分外，一般还掺入适量辅助气体，以提高激光输出功率，改善激光性能和延长激光器寿命等。气体激光器有电能、热能、化学能、光能、核能等多种激励方式。电能激励中又有直流电、交流电、射频放电等方式之分。

四、功率巨大的化学激光器

通过化学反应实现粒子数反转的激光器叫化学激光器。尽管它的工作物质多用气体（也有用液体的），结构大多和气体激光器相似，但在化学反应的引发、粒子反转过程等方面有其特殊性，尤其是必须通过化学反应实现激光器的运转，所以，并不把它并入气体激光器而单独介绍。

化学物质本身蕴藏有巨大的化学能，比如每千克氟、氢燃料反应生成氟化氢时，能放出约 1.3×10^7 焦耳的能量。由于它能在单位体积内集中强大的能量，当化学能直接转换为受激辐射时，就可以获得高能激光。另外，它的装置体积不大，重量又轻，很受军方青睐。1978 年美国海军的舰载激光武器打靶试验，就是采用 40 万瓦连续波氟化氘化学激光器。我国自行设计研制的 1 太瓦（等于 1 兆兆瓦）大型高功率激光器——神光装置也是一台化学激光器，美国曾研制过一种台式化学高功率激光系统，瞬间功率达 10 太瓦，相当于美国全部发电站总输出功率的 20 倍。

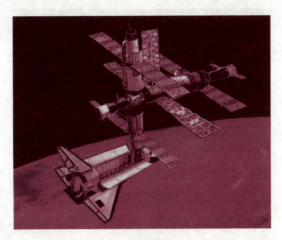

化学激光器

由于化学激发能源来自化学反应，因而一般无需外部提供能量，对外依赖性很小，这对野外行动和军事应用实在是求之不得的。前面所讨论过的激光器都必须外激发能源，尤其是电能，其电源往往就占去了激光器的绝大部分体积和重量。一台功率 10 万瓦的激光器，若总体效率为千分之一，就必须有一台 10 万千瓦以上的发电机专门为它供电。当然，化学激光器还多少用一点外能源引发化学反应，但需要量很小，比起其他激光器的激发能源来，简直是微不足道的。

化学激光工作物质多数有毒，甚至玻璃一类的物质也容易被腐蚀。又由于在化学反应中，粒子数能级分布较分散，所以激光单色性较差。化学激光工作物质气压目前仍比较低，反应能的利用率还不太高，这些都有待改进。

五、波长极短的准分子激光器

"准分子"不同于一般的稳定分子，它并不是真正的分子，在自然界的正常状态中也不存在，准分子是人工制造的一种仅能在激发态以分子形式存在、而在基态则离解成原子的不稳定复合物，也就是说，它在激发态复合成分子，在基态又离解为原子。如惰性气体原子，最外层轨道（壳层）被电子填满，

准分子激光器

因此它的原子价为零，一般不与任何原子结合成分子。但当它们一旦受到某种外界激励处于激发态时，就可以与其他原子结合成一个不稳定分子，习惯上称做"受激准分子"。当受激准分子从激发态受激跃迁回基态时（准分子离解为原来的原子状态），通过受激辐射和谐振放大作用就会有激光输出。这种激光器就叫做"准分子激光器"。

准分子激光器是 20 世纪 70 年代以来新崛起的一种高能脉冲器件，脉冲宽度为微微秒级，脉冲峰值功率超过千兆瓦，脉冲能量大于 100 焦耳，脉冲重复频率每秒几百次，效率超过 10%。虽然脉冲峰值功率比起化学脉冲激光器尚差三个数量级，但从发展来看前途很大。尤其是准分子激光器输出激光的波长大多分布在紫外区，波长又可调，可望在受控核聚变、同位素分离、等离子体诊断、有机物的冷光滑机械加工、星际通信、光武器等方面一展身手。

六、与众不同的自由电子激光器

虽然 1951 年曾有人提出自由电子的受激辐射原理，但直到 1977 年美国斯坦福大学用 2.4 千高斯的超导磁体、43 兆电子伏特能量的电子束，才在波长 3.4 微米处，获得了 0.36 瓦的激光平均功率和 7 千瓦的峰值功率。所谓"自由电子激光器"，是指一种高功率连续可调谐的新颖激光器件，需要用加速器等复杂设备。这种激光器从理论到实验目前尚不成熟。

自由电子激光器的工作机制与众不同，它是从加速器中获得几千万电子伏特的高能调整电子束，这些调整电子经过周期性磁场，形成不同能态的能级，然后在它们之间实现粒子数反转并产生受激辐射。

自由电子不受原子核的束缚，激光辐射波长或频率随电子能级的变化就可以调谐。目前，调谐是通过改变电子束能量大小和磁场强弱的方式。调谐范围可以从微波到红外，甚至 X 射线波段。正是由于自由电子不受原子核束缚和不受固定电子轨道的限制等，激光功率和效率可以不断提高，这种器件既能振荡又能放大，脉冲或连续运转均可。另外，自由电子的能量不易"衰老"，若采用储存环结构的加速器，电子束还可以重复使用，使效率进一步提高。

自由电子激光器

▸▸ 知识点

电子束

电子经过汇集成束。具有高能量密度。它是利用电子枪中阴极所产生的电子在阴阳极间的高压（25—300kV）加速电场作用下被加速至很高的速度（0.3—0.7 倍光速），经透镜会聚作用后，形成密集的高速电子流。这种电子流谓之电子束。

延伸阅读

全息摄影的优势

全息摄影，即"全息照相"，是一种利用波的干涉记录被摄物体反射（或

透射）光波中信息（振幅、相位）的照相技术。全息摄影不仅记录被摄物体反射光波的振幅（强度），而且还记录反射光波的相对相位。因此，和普通摄影相比，它具有以下优势：

（1）再造出来的立体影像有利于保存珍贵的艺术品资料进行收藏。

（2）拍摄时每一点都记录在全息片的任何一点上，一旦照片损坏也不会丢失信息。

（3）全息照片的景物立体感强，形象逼真，借助激光器可以在各种展览会上进行展示，会得到非常好的效果。

激光在生活中的应用
JIGUANG ZAI SHENGHUO ZHONG DE YINGYONG

激光的出现引发了一场信息革命，从 VCD、DVD 光盘到全息照相、激光照排、信息存储，激光的使用方便了人们保存和提取信息，大大提高了人们的工作效率。通信现代化是现代信息社会的基本特征之一，而激光则在里面扮演了一个主要的角色。无论是在军事领域，还是在普通的民用通信网中，都在发挥着越来越重要的作用，现代信息社会离不开激光通信。

激光之所以能迅速普及到人们的日常生活和工作之中，其根本的原因就在于激光具有一系列优异的、而又是其他技术无法替代的优越性能，满足了人们对高质量、快节奏的生活和工作形式的追求。

激光在视听领域中的应用

一、激光唱机与激光唱片

激光唱机与激光唱片是当代激光应用技术最为成功的杰作，激光唱机和激

激光唱机

光唱片简称"CD唱机"或"CD唱片"，意为小型数码音频唱片。与传统唱机相比，激光唱机具有许多无法比拟的优越性：能提供优良的高保真度、高纯度音质；立体声左右声道分离度达85分贝，频率响应在5～20000赫兹之间，谐波失真为0.004%，不存在抖晃率问题，唱片寿命极长，几乎永不磨损，动态范围超过90分贝，已接近大型交响乐队的动态范围。可以使记录在唱片上最细微柔弱的声音忠实、清晰地再现出来。

在简述激光唱机的工作原理时，不妨与老式的唱机作一比较。老式唱机的唱片表面刻有一条连续不断的音轨"纹槽"，这条连续不断的"纹槽"里记录着各种模拟音响信号。当拾音器唱针直接接触音轨纹槽时，随着纹槽的摆动幅度和深度的不断变化，拾音器即从音轨上拾取唱片的模拟信号，唱片由唱机（弹簧发条或电机）带动，按顺时针方向、等角速度地旋转，唱针顺着纹槽，由唱片的外圆向内圆移动，并连续不断地读取上面的信号，这些信号经过电路处理和放大后，由扬声器放出唱片的声音。老式唱片一般由塑料制成，由于唱针与唱片是直接接触，因此唱针容易因摩擦和磨损而产生放音失真。

激光唱片上的"小坑"是下凹的。激光拾音器上的扫描激光束是来自唱片下部，因此"坑点"对激光束来讲却是凸出的。当激光拾音器发出的激光束扫描聚焦于唱片镀铝的"坑点"上时，便被漫反射，这时激光拾音器检出的信号为"0"，激光束照射在无

激光唱片

"坑点"处时，光线反射回光路而被检拾出，这时信号为"1"。随着唱片的转动，长短"坑点"不断地扫过激光束，反射光的密度、强弱也将相应地变化，形成连续信号流，经光电转换、电流电压转换、放大、整形后，即获得了唱片上所记录的数字声音信号。

数字声音信号中包含调制、同步、纠错等信息，故必须经解码、数字滤波和 D/A（数字/模拟）变换才能获得模拟声音信号。

激光唱机是集光学、微电子学、精密机械为一体的高科技产品，激光拾音器及相关的信号处理系统是激光唱机的核心。激光拾音器包括激光发射部分与激光反射检出激光唱片器部分，它安装在一个循迹跟踪装置上。激光由一个低功率激光二极管产生，发射的激光束首先通过半反光棱镜、物镜群后聚焦于唱片坑点表面，光束到达唱片塑料表面时光点直径为 0.8 毫米左右。由于唱片介质的折射作用，光束在到达唱片塑料内反射面时，焦点直径约为 1 微米，然后光线从唱片内凸面与平面反射回来。经过半反光棱镜折射，再通过凹镜、柱镜射入光检测器中的光电二极管，光电二极管将光的明暗变化信号，转换成相应的电流信号。这样，激光拾音器便从唱片读取了记录的数字声音信号。

在激光拾音器拾取唱片上的数字声音信号时，必须由光检测器产生出对应唱片上的循迹信号。循迹信号经放大和伺服电路处理后，控制激光束的径向移动，以消除因唱片偏心等原因引起的光点偏离音轨的影响。在日产先锋、索尼等最常见的激光唱机中，径向循迹普遍采用的是三光束方式控制，荷兰菲利普激光唱机采用的是单光束循迹。

激光拾音器聚焦伺服的作用是使唱头与唱片保持在一定的距离上，使激光束始终聚焦于反射面，以便从唱片上高质量地拾取记录信号，当激光拾音器拾取唱片下的数字式声音信号时，反射回来的主光束经过半棱镜折射，投射到 4 个等距离排列的光电二极管上，当主光束聚焦良好时，4 个二极管光量相等；如果主光束聚焦不正确，形成的检测光点将变为椭圆形，使 4 个光电二极管受光量不相等，这时将产生强度和极性不等的聚焦误差信号。

聚焦误差信号经放大等处理，控制聚焦线圈移动，用以调节激光拾音器物

镜在垂直方向上的位置，使其达到正确的聚焦。当聚焦信号良好时，产生的聚焦误差信号为零。

信号处理系统由激光拾音器的检测二极管检测出的数字声音信号是很微弱的，必须由前置放大器进行放大。由于激光唱机在重放时可能产生的振动及唱片表面划伤、污染等原因造成的信号错误和丢失，以及在唱片生产中为了尽可能完美地记录和重放，对声音信号不仅作模拟数字变换处理，而且对数字信号作了编码处理，使记录在唱片上的声音信号里还包含了曲目、同步、纠错、插补等信息。所以激光拾音器从唱片读出的声音信号不能直接、简单地进行数模变换。信号数据必须按规定进行选择和处理。

由数据选择和数据处理器完成重放信号的选择、解调、插补、纠错等功能，给出纠错、补正后的 16 位数字声音信号，经数字模拟变换器（D/A 转换）和取样保持电路、去加重电路还原为左、右声道模拟声音信号，经放大后即可推动扬声器发音。另外，数据处理器还提供串行数据信号，经系统微处理器处理后完成对激光唱机的系统控制和显示板的数据、符号显示；数据处理器还同时给出控制唱片转盘电机（又称主轴电机）的恒线速伺服信号，以保证激光唱头由唱片内圆到外圆始终以恒定线速度拾取信号。

激光唱片实际上是光盘的一种，是信息存贮的载体或称之为"媒介"。光盘的基板采用玻璃或塑料，制作的关键是要在基板上形成一层记录薄膜，并刻上记录槽，整个盘面大部分区域是数据道，用于贮存信息或数据，在该区域内刻有条螺距为 165 微米（头发丝直径约为 70 微米）、宽 1 微米的螺旋形沟槽，沟槽由数不清的凹坑点组成。各沟槽又被分为 32 个扇段，便于各种信息的贮存。而这只有头发丝的 1/70 那么细的沟槽是怎么做出来的呢？这当然还离不开激光这个神奇之光。具体方法是：先在基板上涂上一层极薄的保护胶层，把激光束聚焦成直径为 1 微米以下的细光对胶层曝光。为了保证螺旋形沟槽之间的间隔处处相等，还必须给激光配上一个自动聚焦系统和一个自动跟踪系统，因为在曝光时基板是匀速旋转的。曝光后再作显影处理，然后在基板上涂一层薄导电层和镍膜，这时在镍膜上已形成沟槽，将镍从玻璃基板上分离下来，再重新复制到具有记录膜的基板上去，便得到了一块完整的附有预刻槽的光盘。

光盘的基板不是随便拿一块玻璃或塑料就行的，它必须经过精密抛光，要求透光率在 90% 以上，而且刚性要好、能经得起高速旋转、对记录膜亲和性要好、热传导率低等。同时对记录膜材料的要求也高，记录信息后保存寿命应在 10 年以上。光盘在加工过程中对环境要求也很苛刻，以至人眼难以分辨的尘埃，也会对它造成误差以至失真。此外，严格的测试和封盘都是必不可少的。

二、激光电影的奥秘

继立体电影和全景电影之后，目前电影业最热门的要算是激光电影了，由于激光电影内容新鲜刺激，票价也可让人接受，所以上映激光电影的影剧院场场爆满，人们争先恐后，都想先睹为快，看一看激光电影到底是怎么回事，它与普通电影又有什么区别。大家知道，普通电影是由胶片（俗称"拷贝"）来存贮图像的，通过放映机在宽大的银幕上再现图像。而激光电影的图像是存贮在一张小小的光盘上，就像激光唱片一样，只是直径大了一些，约为 30 厘米。放映用类似激光唱机的激光影像机（俗称"影碟机"）进行图像的再现。与激光唱机相比，整个系统复杂一些。放映的方法有两种，一种是激光电影影剧院采用的，由影碟配套与投影电视相同的 3 只阴极射线管，分别将红、绿、蓝三基色射向荧光屏，再通过适当的光学系统投向银幕，以获得色彩逼真的画面，剧场前后 4 个喇叭使观众享受到高保真的音响效果；另外一种则是由影碟机直接驳接家用彩色电视机，适用于普通家庭。就像用录像机放映录像带一样，激光电影在放映过程中，可使画面停止、前进或后退，而且进退速度可以调节，不必担心像录像带那样可能会受到损害。更令人惊奇的是它还可以分别用不同语言播放，这是因为在光盘的声道下已事先刻录好这些语言的信息，在放映时可以任意选择，这就大大方便了节目的国际交流。

光盘不但体积比起电影胶片拷贝要小得多，且价格也低得多。例如，一般

影碟机

放映 4 个小时的电影拷贝，一个人几乎无法搬动，堆起来有 1 米来高，制作费高达 2 万余元，而放映同样时间的激光电影只需一个光盘（两个面），非常轻巧，成本较低。不过，像许多新事物一样，激光电影也有不足之处。尽管放映激光电影的银幕采用可增加亮度的一种特殊的"微珠银幕"（即在布上镶嵌了许多小玻璃珠子），但其亮度仍不如普通电影。另外尺寸也不够大，所以，激光电影的放映只能在小厅进行，观看人员一般为几十人至上百人，特别适合于小型会议、电化教学以及亲友聚会等场合。大屏幕平面直角彩色电视机的出现，与激光影碟机配合起来真是珠联璧合，相得益彰，为现代化的家庭锦上添花。所以说，尽管激光电影的效果还比不上普通电影，但其优点还是主要的。

三、令人咋舌的激光表演

从 20 世纪 80 年代初期开始，激光娱乐显示技术获得了较快的发展和应用，已进入许多表演场合，这一飞跃的主要因素是与新显示技术的发展、计算机硬件的相互作用以及演出、宣传等对其日益增长的需求分不开的。

1979 年，我国国庆 30 周年焰火晚会上，首次采用了激光进行天幕投射，那闪烁的光束、梦幻般的图案、绚丽的色彩为节日增添了热烈的气氛，给许多人留下了难忘的印象。

美国洛杉矶激光介质公司是激光娱乐领域中最有实力的一家，它每年都要举行上千次的各类露天表演的激光音乐会，可见其受欢迎的程度，在美国节日期间，公司常用两支 15W 的氢激光器，把动画片从舞台射到两个大型显示屏幕上，这种激光器配有专用电子计算机来安排画面和适当调节各波长的功率比例，计算机内的程序可在存贮器中贮存约 1000 帧画面。该公司已研制三种系列装备计算机的激光绘图系统样机，以及有价位的表演产品。最小系统的售价仅 1000 美元左右。利用该产品提供的数字软件和硬件，用户能设计和控制自己的图像。该公司最令人惊奇的表演是在佐治亚州石

激光焰火

头山公园。在那里，他们把动画片投射到 330 米高的一堵巨大的石壁上。由计算机控制的 10 多种颜色的激光束，从十几个不同的地点射向石壁，并以极快的速度变换画面，同时配以激昂的音乐，取得了神奇的效果。

1988 年 9 月韩国夏季奥运会期间，激光动画、图片、特技等表演为这届百年不遇的盛会披上了艳丽的盛装。

美国激光公司于 1989 年夏天在大占力水坝上以激光表演了名为"生命与水"的节目，画面投射到整个 1.6 公里宽的水坝坝面上。该系统是受美国农垦局委托设计的，它包括四套激光装置，将节目存贮以数字声像放映，系首次用激光显示。持续半个小时的显示包括了万余帧画面。

美国视听影像公司用配有氩氪多色激光器的激光投影机。在纽约的一个天文馆内，举行了一场别开生面的"激光音乐会"，放映了与音乐同步的瞬息多变的激光图像。这是一种行进式的摆动光波图，使人有身临其境的真实感，引起观众的极大兴趣。而激光图像公司的激光天像仪，则利用激光在拱形天花板上表演模拟天像。自 20 世纪 70 年代中期以来，激光又介人了电影的拍摄。1983 年激光介质公司制作了两部激光电影，其中一部是给阿兹台克人信奉的主神阿兹台克上帝提供生动的形象，另一部是描写关于爱因斯坦冒险活动的故事片，影片中用激光描绘出机器人。此外，大家所熟悉的美国一部描写未来宇宙之战的科学幻想片《星球大战》中，也运用了激光刀、激光枪，以及立体

全息图像，耗资数千万美元，在银幕上产生了惊险奇幻的艺术效果，使影片获得了极大的成功。

四、激光激发了艺术家的灵感

随着激光艺术和与激光有关的作品不断问世，无疑，激光已激发了艺术家们的灵感，拓宽了表达情感的领域。

激光蚀刻作品。有人使用 1~5 瓦功率的氢离子激光器（近来也有使用功率较大的二氧化碳激光器）产生的激光束，通过光导纤维的传导，在纸张、木头或者有机玻璃上进行蚀刻创作。因为其绘画机制不同于雕刻、雕塑和绘画，所以称之为蚀刻。艺术家们可根据自己的构思选用不同的激光器及输出功率，在上述材料上面获得各种富有特色的亮暗对比和平凸的轮廓线，制作出笔调简洁、形象生动的作品。

用高能量氢离子激光器或者二氧化碳激光器，还能在黏土坯上蚀刻，制出饶有兴味的作品。不过这种激光蚀刻的艺术品，为了保护其表面不受破坏，一般需要在其表面涂上一层环氧树脂。

激光绘画和书写。采用功率较小的二氧化碳激光器、氖离子激光器和红宝石激光器，在丙烯板上或油画布上进行烧蚀，就能"绘"出有浓淡变化的图画。

激光也为在钻石和其他宝石上镌刻字母的应用提供了一种完美的工具，美国宝石研究所在这方面获得了成功，用作识别的代码、名字和个人信息等都可以刻在宝石、戒指甚至眼镜和手表上，需用显微镜观看。这种特性，

激光蚀刻机

使得宝石等物品上用肉眼看不出什么痕迹又不影响美观而受到客户的欢迎。这种镌刻最适用于保密性用途，而这在激光技术出现以前几乎是不可能的。

同理，用光学透镜来增加激光束的宽度，就可以在硬质材料上来书写文字。

激光雕刻。激光雕刻是另一个重要的激光艺术领域。它与激光蚀刻有着本质的区别。激光雕刻使用聚焦脉冲红宝石激光器或者掺钕钇铝石榴石激光器，激光能以脉冲形式输出。激光雕刻采用的材料有各种颜色的有机玻璃和宝石，也有嵌镶彩色宝石、彩色塑料等。在一定能量的激光辐射下，有机玻璃会受热分解，因此调节激光能量密度和聚焦点的大小，就能像刻刀一样，在有机玻璃上刻出奇异而迷人的造型。

激光雕刻机

同样，激光还能在海泡石、绿松石、雪花石膏等硬度较低的宝石上进行雕刻。对于硬度较高的宝石，用激光雕刻往往会破裂，因此不太适用。

在20世纪80年代中期，捷克斯洛伐克等国开发了一种激光技术装饰实用玻璃器皿的新工艺，与传统的抛光、雕刻、丝网印刷、蚀刻、喷砂等装饰法相比，激光法具有无磨损、高分辨率、无化学反应、设计和生产灵活方便等优点。装饰的对象有陶瓷或玻璃制的花瓶、瓷杯、高脚酒杯、玻璃杯等旋转对称体，聚焦光束可在物体表面产生直径为100～150微米的微点。各种装饰图案可借助数字化表格或照相机、扫描器输入计算机，直接由计算机存储器控制，可在10秒种内更换待加工图案。加工时间视图案和所需的分辨率而定，一般为40秒钟左右。为达到着色效果，可用丝网印刷包、黄金、白金、彩虹色等涂料。

1989 年，美国的"CGI 瓷釉公司"发明的一种激光施釉机，可在 2 分钟内将彩色或黑白照片复制在任何瓷上，且复制效果精细。英国控制激光仪器公司已研制出一种能广泛用于各种材料的计算机数控激光雕刻装置，它能进行高速雕刻，速度可达 20 毫米/秒，这种对工件非接触、无需加压的新装置是由 SOW 掺钕钇铝石榴石激光器、微处理机和旋转工作台等组成的，可刻出各种由计算机认定的文字、图案或标记，可在铝、钢、铜、陶瓷以及各种硬、软塑料上进行各种规格的装饰性雕刻。

五、录像磁带的激光高速复制

随着盒式磁带录像机的普及，对录像节目的需求也越来越大。传统的录像带复制由于空白带上有技术标准许可的矫顽磁力，所以用镜面母带复制后总存在着高频成分跌落等问题，影响了商品录像磁带的质量。为此美国以掺钕钇铝石榴石激光器构成了热磁复制声像带系统。

这种工艺起初是由杜邦公司发明的，其工作原理是：用激光将空白录像带的成分二氧化铬加热到居里点，利用某种物质在高于某点温度时丧失磁力，当温度降到某点温度以下时又恢复原有磁力的特性，磁带的带基聚酯薄膜不会损坏。随着冷却，紧贴金属母带镜面翻转时得到了永久磁化。此种激光技术已在系统总体工作上取得了很大效益。

操作时，首先用独立的原版带镜像录像机将原版带复制到金属粒子镜像带上作为母带，母带首尾自动联接，以便在激光复制机中循环，一卷 500 米长的空白录像带就装在系统内。将激光束通过光学系统转变成条形，聚焦到 5 英寸宽的空白录像带上。这样镜像母带就重复地拷贝到了空白录像带上。该系统能在 17 分钟左右录好 20 部 120 分钟的电影拷贝。

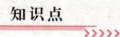

知识点

磁 带

磁带是一种用于记录声音、图像、数字或其他信号的载有磁层的带状材料，是产量最大和用途最广的一种磁记录材料。通常是在塑料薄膜带基（支持体）上涂覆一层颗粒状磁性材料（如针状 $\gamma - Fe_2O_3$ 磁粉或金属磁粉）或蒸发沉积上一层磁性氧化物或合金薄膜而成。最早曾使用纸和赛璐珞等作带基，现在主要用强度高、稳定性好和不易变形的聚酯薄膜。

延伸阅读

拷贝的来源

拷贝是英文 copy 的音译词，copy 意为复制、摹本。copy 起源于拉丁语词 copia，经法语的 copie 而进入英语，原义是"多"。当一份文件、一篇文章有了抄本、副本、复制件时，就不再是"一本"了，而变成了"多本"。电影拷贝就是电影放映时所需要的胶片，胶片上面就是电影的内容，和照相的胶卷差不多，只不过电影胶片上面的画面是正像。一部电影需要十多卷（业内称"本"）这样的胶片，一套就称为一个，这是俗称，应该是一部电影拷贝。

激光在立体世界中的应用

一、传统照相观念的更新

所谓"全息照相"，其本质就是光的干涉记录。因此，记录时对光源有相干性好的要求，那么，激光就当之无愧地承担起了这个任务，条纹之间的隐密，通常从一般的照相底板上大致可以看出被拍摄物体的影像，但由于它记录的仅是物体表面光线反射强度的分布，不能记录物体的纵深情况，因而失掉了立体感。目前所谓的"立体照"则是利用两眼观察物体存在的视角交叉，用具有与人眼距离等宽的双镜头照相机在同一张底片上曝光，冲洗出来以后再通过蒙在照片上的有机玻璃棱镜的折射来还原"立体"感，观看时给人一种朦胧的感觉，实际上这种"立体"是不真实的。

激光全息照相机

真实的立体感当然是全息照相了。但若从激光全息底板上看，却看不到被拍摄事物的影像，上面只有像指纹样密密麻麻的条纹，丝毫看不出什么形象。不过千万别小看这些条纹，它不仅记录着物波（被物体反射到底板上的光波）的振幅（强度），而且记录着物波的位相，从而能反映出物体的纵深情况。这就是说，激光全息照相能记录有关物体的全部相貌信息，因而叫全息照相，也称之为全息技术。

全息照相的记录与普通照相不同，"照相机"可以不使用镜头，而是让感光板直接对着激光照明的物体，接受其反射光波进行曝光，把同一束激光由分光镜一分为二，部分用来照射所要拍摄的物体，并被物体漫反射成为物光束；另一部分经反射镜反射的光束则用来直接射向底板，叫参考光束。物波和参考波在全息底板下互相干涉，形成密密麻麻的相干条纹。一般来说，两束光位相相同时，振动加强；位相相反时，振动减弱。两束光的位相会因物体位置的不同而变化，所以光振动增强或减弱随位置不同而异，这样就在两束光交叠处，产生了亮暗的条纹，条纹的亮暗对比，反映了光强度的大小（因为光强与光波振幅平方成正比）；而条纹的分布情况和形状，反映着光波位相的变化。因而用干涉现象所产生的条纹，能很好地把振幅和位相变化情况全部记录下来。正因为它能有效地区分不同振幅和位相的情况，所以只要从不同角度拍摄，因其反射情况变化，振幅和位相也就随之而改变。这样就可以在同一张底板上记录下不同位相和振幅的情况，而重叠拍摄不同物像不会互相影响。

由记录的过程不难看出：全息照相本质上是干涉记录，记录时对光源有相干性要求。因此，所使用的光源必须相干性好。气体激光器一般有较好的相干性，所以记录时常被采用。

全息相片与普通相片的一个重大区别，就是不能拿在手中直接观看，而需要一束光来照射，所以，称为"重现光束"（用模压法生产的反射型彩虹全息图采用自然光），激光全息相片重现原景物时，对重现光束的相干性要求可以降低。最初是用激光照射全息底片，而现在则已经发展到用日光或普通灯光，缺点只是效果稍差一些。当全息底片被光照射时，被摄的景物不是出现在一个平面上，它是物体的虚像，而实像则以对称的方式位于底板的另一侧。光照停止，立体像也消失，再照射则又会出现。当全息景像再现时，其形象和立体感是那样的逼真，以至使人忍不住想伸手去触摸景中的物体。如重现一张暖水瓶的全息相片，当你改变观察方向时，暖水瓶后面的茶杯也会栩栩如生。若不小心摔碎了底板，只要能留下底板中的一小块，甚至一个角，仍然可以重现原摄的全部景物。从不同角度拍摄时，在同一张底板可以重叠若干"像"而互不影响。若是用红、绿、蓝三种颜色的激光拍摄和重现，就能看到彩色的立体

像，简直是妙不可言。

由于开始的全息图像重现问题没能得到很好的解决，因而限制了全息照相的发展，目前仅限于橱窗广告及特殊场合使用。自1980年以来，一种模压全息图的使用范围很广，原因在于其生产成本低，不用专门光源照射，能和纸张一样的柔软；其缺点是立体效果比较差，远不及全息底片的重现。

普通照片的复制和放大比较简单，但全息图像的复制却困难得多，这也正是全息技术得以迅速在防伪标记领域推广应用的根本原因。

全息复制法主要有：接触印刷、再现复制和模压法。接触印刷类似于洗印普通照片，即将已拍摄定影后的底片作为母版，压在尚未曝光的胶片上，然后再让光线通过母版为胶片曝光。这样洗印出来的全息底片由于存在高频条纹衰退及位相干涉条纹失准等问题而遭淘汰。再现复制和重新拍摄差不多，费时费力，代价昂贵，只在数量大的复制时才采用。模压全息技术是利用电铸法把位相型浮雕全息图表面的沟纹状全息信息制作在金属压模上，然后转印在聚氯乙烯或涤纶膜等材料上。这种方法速度快，成本低，宜于大批量生产，近年来发展极为迅速。

早在1965年，曾有科学家建议，采用类似制作密纹唱片的方法来复制全息图。接着，美国无线电公司的专家们于1969年提出"模压法"；1974年，又发展了带有金属膜的反射型彩虹全息图，但由于应用不多而"沉睡"了几年。直至光印像公司的专家们发展商业实用的模压全息工艺——装饰粘贴片后，模压技术才开始飞跃发展。1980年，该公司宣布已有能力大量生产模压全息图。之后，更多的公司便接踵而至，1982年已形成模压全息领域内竞争角逐的局面。1980年美国联邦储蓄委员会，委托美国银行钞票公司进行以全息作钞票防伪的研究，发展了非常薄的模压彩虹全息图。目前，大批量印刷的专用设备——模压机已在美、日、德、意等国生产。

模压全息图进入商业市场后，除作美术工艺品出售外，已在信用卡、包装、出版、广告等领域内得到日益广泛的应用。

二、大千世界尽现眼前

全息技术的优势在于三维表现，是集高科技、视觉艺术、实用价值为一身的人类信息社会出现的又一新型载体。全息图由于形式新颖、色彩艳丽、立体感强、信息量大，具有极大的商业价位而被广告业首先选中。所以其发展最早的便是立体的广告和说明书了。

1992 年 8 月，我国出刊的第 4 期的《应用激光》杂志封面，粘贴了一张真彩模压全息图，内容是插入花瓶的一束鲜花，在普通白炽灯光线的照射下，再现的图像清晰明亮，色调纯正，使读者争相观看，爱不释手。

自从日本 1981 年首次在《计测与控制》杂态上采用全息图以来，英国 1983 年第 7 期《摄影爱好者》杂志和美国 1984 年第 3 期《国家地理》杂志也步其后尘，采用全息图作为杂志封面，使得其发行量大增。现在世界上不少年报、杂志封面、插图采用模压全息技术。1986 年 10 月，伦敦一家公司首次出版一本印有全息封面与全息插图的童话《镜石》；1988 年另一家公司推出含有 13 幅全息图的年历。由于构思巧妙，印刷精美，全息图与彩色绘画的结合，给人一种新颖的美的享受。

美国一家食品制造商在甜食上印上全息图，这种三维图像不会降低发热量，旨在不使用任何添加剂来一些点缀。麻省立体食品公司早已开始对食品全息图的可能性进行研究。全息图需很精密的细纹，每毫米达 1000 线。研究人员为此找了许多材料，包括碳水化合物、食糖、植物树脂、淀粉以及纤维素。该公司已成功地在巧克力糖上制成了三维全息图像。

其制造过程是：将合适的材料，如碳水化合物或糖溶解在液体中，然后在一圆桶中脱水。桶的内壁上刻有光栅结构，作为全息照相副版。当桶的涂层彻底干好后，将其取下切块。这样每片都是一张全息图，像小棱晶似地按彩虹图形反光。

该公司计划生产带有节日、图形和字体的全息图巧克力和甜食，到时食用者将会在埃菲尔铁塔顶上卖的点心上，看到巴黎的立体全景。公司认为，这样

做的好处，一是标新立异，起到一个广告的作用；二是食物全息点缀完全是物理技巧，不需要任何着色和添加剂，食用相当安全。更重要的是通过此项技术开创了可食商品防伪的新方法，如名贵的药品。也就是说同一样的技术也可以用于药丸和胶囊，这样仿造就变得相当困难和费用昂贵。据估计，美国医药公司仅由于他人仿造，每年就会损失14亿美元。如采用这种技术，无异于增加了公司的收入。

商品经济的发展推动着人类社会物质文明的进步，其中广告功不可没。各种跨国的展览会和贸易洽谈会都是企业亮相的大好时机。实践证明，图片、资料、录像带的效果远不如实物展出的广告效果。例如著名的巴黎航空博览会、新加坡的兵器展览会上，国际上著名的大公司都不惜工本，跨洋越海将实物送展。但毕竟展出场地有限，不可能将产品全部样品一一展出，况且有些物品根本无法运输，如房地产的大楼，无论如何是搬不到展厅的。但激光全息技术的出现却轻而易举地解决了这个问题。例如美国三家著名的全息图片制造商，联合为新英格兰开发公司制作一幅合成全息图，这是一座大型建筑结构的模型，其图像不仅展示了结构的外部，还展示了其内部，可在两者间进行变换，雇主对此非常满意。

在西方国家，全息图已经成为商品，它的发展也决定于市场需要。目前巨幅全息照像的用途要用于商业展览和展示，除上述不可能移动的物品适用外，几乎所有可以用广告的地方都可以应用。其优点一是增加摊点或新产品的可见度。一幅大尺寸全息图在众多的宣传图像中，可更鲜明突出地引人注目，甚至可以取得意想不到的轰动效应；二是可以提供更大的视角和更大的观察范围，能容纳更多的信息和更大的景深，因此大大增强了再现效果。

全息图在某些方面甚至可以超过实物展出的广告效果，清楚地展示一种产品的剖面或思想概念。1986年，日本丰田公司曾把根据新设计的构思，用计算机制成汽车模型，并将它拍摄成巨幅全息图片，使更多的人开始认识到，全息图竟然有如此奇妙的功能以代替实物和模型。美国的ADD公司曾用计算机制图法制作了一幅大尺寸的发电机三维计算机全息图，看起来一目了然，作为教学工具非常合适。

近几年来，全息立体图在像质、色彩等方面均有显著的改善，效果越来越好，引起了人们的嘱目。1991 年 4 月，在巴黎举行的国际创新展览会上，法国展出了用全息衍射箔作为服饰的时装。英国空间时代公司更发展了一种可以剪裁、缝纫，并可用机器清洗的全息编织品，用它制成的衣、裤、帽、夹克、衬衫，乃至"比基尼"泳装，已在英、法、德、西班牙的一些商店中出售。穿着用全息衍射箔作为装饰品的服装，在阳光照射下熠熠生辉，当观察者的角度或光源的角度以及距离合适时，就会在穿着者的胸前或帽子上"飘"出一朵花或是其他什么东西，给人一种新奇的感觉，这也是开拓模压全息应用领域的又一尝试。

三、全息术保您安全

1990 年 1 月，在美国洛杉矶举行的光学光电子学国际会议包括有关全息方面的四个会议，其中一个分会议的专题就是"光学保安和防伪系统"。1992 年，在荷兰首都海牙举行的国际光学和工程光学会议，其中一个分会议的专题是"全息光学保安系统和相应的元件"。从会议提供的信息来看，全息光学在保安、防伪方面的应用有迅猛发展的趋势。

产生巨大效益的防伪卡。ATM 提款机前有人从怀里掏出一张硬质卡片，卡片插入一个自动兑款机内，按下所需款额的数字按钮，就会从下方的一张"口"中"吐"出一叠现金来，这就是所谓的信用卡，信用卡有与现金同等的效能，并且有便于携带、结算方便等特点，如一种

VISA 卡

被称作"万事达"的信用卡，是美国 3000 家银行通过信用卡协会签发的，可

以在北美、欧洲等地通用。因此信用卡就成了伪造者猎取的目标，给银行业造成了巨大的经济损失。美国有一种叫做"VISA"的信用卡，仅 1982 年的一年中，由于被伪造就损失了约 1100 万美元。为了对付这种情况，许多银行都把全息图像印在信用卡上作为防伪手段。上面提到的 VISA 机构，被追用 3 年的时间，重新发行了超过 1 亿张印有全息图像"鸽子"标志的信用卡。这只鸽子覆盖着用户账号 4 个数字。除非毁坏全息图，否则是不能更改这些数字的。欧洲银行信用卡上印的是经计算机处理过的熠熠发光的贝多芬头像，这使得伪造者望卡兴叹。美国银行钞票全息公司仅从销售信用卡一项，每年就可获纯利 130~150 万美元。该公司称，由他们为银行信用卡提供的这项全息防伪手段，而使这些银行每年减少了 5000 万美元的损失。由于全息图具备保安、防伪性能，一些国家还把它用于钞票和重要证件上。澳大利亚储蓄银行在 1989 年发行一种带全息图的钞票。除钞票防伪外，全息图印在护照和签证上，使海关人员一眼便能辨明真伪。

名牌商品的保护神。创一个名牌产品需要几年乃至几代人坚持不懈的努力，因为在消赞者心目中树起一个良好的信誉形象需要时间的考验。所以，在商界就称名牌为"金字招牌"，因为牌子出名与财源滚滚简直就是同义词。正因如此，仿造名牌产品、盗窃商标等活动在世界各地都很猖獗。英国于 1986 年增设了仿造情报局，其任务之一就是受理产品被仿造的诉讼案件。许多蒙受损失的企业（特别是香料、首饰、计算机、玩具以及其他流行商品的制造商），迫切要求为他们提供一种能鉴别真伪的编码技术。几年过去了，仿造情报局绞尽了脑汁，提出和试验过数百种方案，终因商品的不同、成本的限制、技术的障碍等原因而一筹莫展，最终还是彩虹模压全息图的出现才挽救了危机。

目前，模压全息已作为一种行之有效的防伪手段越来越广泛地应用于这一领域。由于国外汽车零件市场很大又竞争激烈，关键部位的零件质量如何是大事，为了确保安全，钞票全息公司正在研究将全息标志应用于汽车零件的包装盒。巴黎是时装的圣城，皮尔·卡丹等服装设计大师的杰作已被视为珍贵的艺术品，用全息图作为服装设计者的鉴证，这又为出自名家高手的时装锦上添花。

全息图在开始应用时，是像不干胶商标或胶带纸似地贴在商品或包装上面的，很容易被人揭掉而另作他用。为此美国、德国便发展了一种一次性使用的全息粘贴技术。一旦把它贴上后，就再也不能完好地揭下，因为在揭下时，全息图像也被破坏并且不能复原，这进一步促进了模压全息在保安、防伪方面的应用。

全息技术不仅仅在影像的摄取和再现方面有所作为，且在日常生活、医疗、科研等领域也大展身手。

无 X 射线伤害的人体透视。人体透视是医院不可缺少的诊断方法，"CT"（X 射线计算机断层扫描）的出现是普通 X 光透视的发展，"磁共振"则把透视的领域扩展到软组织的深入观察，但无论什么样的透视方法，都不可避免地要受到 X 射线和一定剂量的放射性物质的伤害。如果想找到一种防止辐射损伤的方法而又对病人能够进行像 X 光那样的透视，在目前的条件下只有借助激光了。

美国西北大学的研究人员就在研究利用全息技术获得人体内部图像的新技术，它是利用可见光对人体进行透视，像 X 光透视一样。这一新思想对医生有很大的吸引力。

人体的皮肤和其他组织对可见光有很大的散射作用。比如，用可见光照射人手时，由于皮肤表面对光的散射，因而挡住了内部传出的信息。该项技术采用的装置利用了全息技术最基本的概念，即只有相干光才能相互干涉，形成全息图像。全息图的景深就是所谓的相干长度——能发生干涉的最初光波和最后光波的距离。激光脉冲的相干长度很短，如将一束激光分为参考光束与物光束来拍摄全息图时，只有在两束光的光程差小于相干长度时才行，而连续波激光光束的相干长度则可达几米甚至数千米，对于人体透视来说几十厘米就足够用了。把一激光束分为两束，参考光射向照相底板，物光经过被成像物体反射再照向底板。当两束光在底板下相遇时，形成被照物体的全息图像。图像再现时

与其他全息图再现的方法相同，只是要求效果好一些时还需以激光来照射。初步的试验表明，该系统可以透过6.4厘米的胸部组织成像。与X光底片不同的是：X光底片全凭医生的经验和对人体解剖位置的关系熟悉程度，在只能记录透过X光疏密程度的平面黑白图像上来进行判读。而全息透视图片则可以在观察时变换不同的角度来分解各个层次的情况。据报道，美国密歇根大学超快科学实验室为此还开发了用CCD（固体列阵器件感光靶）摄像机记录全息像的电子拍摄技术，以便对全息图进行快速计算机处理，并使图像直接显示在电视屏幕上。

倘徉在大自然的光线下，由于一些特殊场合的要求和为了避免污染或隔绝噪声，在一些发达的工业国家里，无窗的操作间、办公室、仓库，乃至整幢大楼都相继出现，当然，地铁、地下室就更不用说了，其中的照明、通风全靠电力和中央空调。但普通白炽灯和日光灯无论怎样设计其光线都不如自然光，这就大大影响了人们的身体健康和工作效率，并浪费了宝贵的电能。使用全息图开发自然光则可以很好地解决这些问题。

由全息图产生自然光的原理是：用两支相交的激光束在一张薄胶片上蚀刻一种图样，当太阳光穿过胶片时，这种图样使光线弯曲，从而把白色太阳光分裂成光谱。根据这一原理，把两张绘着复杂图案的全息照相胶片背靠背地插入两块窗格玻璃之间。第一张全息图胶片把太阳光分解为彩虹，第二张则颠倒这一过程，把彩色光带混合成白光，这种白光与太阳光相似。该组合全息图将这种自然光射出约10米进入办公室，从墙或天花板射下来。这种方法提供的照度约为250勒克斯，大致相当于一只普通台灯发出的光，光源为在建筑物外面设置的太阳光收集装置，在这个装置中太阳光汇集成一光束，然后沿着光导网络蜿蜒而下，从办公室或房间的天花板，通过下述全息自然光装置投射到工作空间。这样，在室内就可以享受到自然光沐浴的乐趣，不必因为需要忍受日光灯的眩目而烦恼了。

用全息技术研究水泥与建筑物。在修复古建筑时，如果所用的水泥受天气干燥过程的影响而产生不可预料的膨胀或收缩，则可能对建筑物产生较大的破坏。德国奥尔登堡大学的研究人员开发了一种利用全息原理的视频系统，这种系统的主要优点是它没有破坏性，且能现场使用。所以，无需在建筑物中钻孔取样再送回实验室，就能对所使用的材料进行特性检验。该系统是靠记录由两束光产生的某个表面的干涉图的三维信息工作的。将一束相干激光分成两束，其中一束光从待研究的表面反射回，然后与另一束光复合。

由于光束的路径不同，它们会稍不同步，光束的某些部分会发生干涉：在波峰相遇的地方会互相加强，在波峰与波谷相遇的地方会互相削弱，这就产生了存储着有关表面形状信息的干涉图，干涉图可以作为全息图记录在照像胶片上。它可以测出建筑结构小到几微米的形变，借此研究水泥的性能，然后再考虑选择与待修复的建筑的自然性质相匹配的水泥，就不会发生因修复工作选料不慎而造成的新的损失。真正使用的系统中的全息图不是记录在胶片上，而是记录在摄像机中。研究人员将第一幅全息"画面"储存在固态存储器中，然后再从中减去下一幅画面。如果在两幅画面拍摄的间隙时间内物体表面有移动，相减结果会形成一幅等高线图，如果等高线不连续，这就表明有一条裂缝。计算机处理这些相减的画面，获得任意两幅画面在拍摄间隙发生的移动量的精确值。为了在三个维度上获得数据，需要三套全息装置，独立分析各自的结果。一旦数据被记录下来，研究人员就可以将这三部分重新组合成一幅准确反映水泥如何变形的图像。

这种方法最终将能帮助改善建筑物和桥梁的抗震结构，确定现有结构的弱点，并监测地震损失。研究人员希望通过这种方法来帮助防止像1989年美国旧金山地震使州际公路立交桥塌陷那样的灾难性破坏。

诱人的全息信息贮存技术。早期的全息工作者就认为，全息图能存贮大量信息，并设想研制巨大数据档案存贮器。由于遇到实际困难，而且其他技术也能满足早期计算机输入—输出的需要，全息贮存器的发展便迟滞不前。后来，由于正在涌现的高性能的计算机需要更高的输入—输出速度，一般的硬磁盘和光盘都不能满足需要，所以全息贮存的研究和应用便被提到日程上来了。光盘的存贮量介于硬磁盘和全息存贮之间，但"写入"的问题一直未能令人满意

地解决，所以，只能作为只读存贮器使用。

全息存贮需要大块的存贮用晶体，这种晶体经过长期研究未能得到开发。于是科技人员干脆另辟蹊径，找到另外一种替代办法，这就是美国微电子计算机技术公司研制成功的光折变材料无损读出和圆柱形细晶（不是块状）制作的存贮器，其全息图数据在铌酸锶钡光折变材料做的空间光调制器上显示。他们把数据记录在以阵列形式排列、直补为 1 毫米、长几毫米的细晶体上。阵列晶体的体积与大块晶体相同，但生产却容易得多。改变光束入射角可使 30 ~ 50 个全息图序列记录到一根细晶上，称为"页的堆迭"。

存取在通过细晶的圆柱端进行，细晶的长度可进行厚全息图的记录，厚全息图较之普通薄全息图有更好的波长选择性。无损读出用施加静电场和改变光偏振性的方法，使晶体全息图的空间图样变成具有低迁移率的电子电荷。事实上数据是在同时间读写的，该过程可以重复几十亿次，还解决了光折变材料的固有问题——即用参考光束读出势必记录参考光束，这就向全息存贮的实用化迈进了一大步。

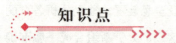

知识点

X 射线

X 射线是波长介于紫外线和 γ 射线间的电磁辐射。其波长约为 $(0.1 \sim 10) \times 10^{-8}$ 厘米。X 射线由德国物理学家伦琴于 1895 年发现，故又称伦琴射线。伦琴射线具有很高的穿透本领，能透过许多对可见光不透明的物质，如墨纸、木料等。这种肉眼看不见的射线可以使很多固体材料发生可见的荧光，使照相底片感光以及空气电离。

延伸阅读

X 射线检查可增加患癌风险

X射线断层成像（CT）扫描及正电子断层（PET）扫描等作为常见医学检查手段，已在临床上得到广泛应用，具有简便、准确等特点。

一项新研究显示，每年至少有400万年龄在65岁以下的美国人接受医学成像检查时受到大剂量辐射。此外，在这些"超量"患者中，还有10%接受至少50毫西弗特辐射量，这个数值超过核能从业人员每年的辐射量上限。虽然研究并未估算辐射可能引发的癌症比率，但加利福尼亚大学旧金山分校心脏病专家丽塔·雷德贝格医生说，辐射检查可能会增加数以万计额外的癌症病例。因此，X射线检查能不做就不做。年轻人身体较为健康，尽量不做，很多单位体检一年透视一次肯定是没必要的。

激光在办公室自动化中的应用

一、激光打印机

打印机是信息处理系统中人机联系的最基本的设备。激光打印机采用激光技术与电子照相相结合的方式进行工作，是新一代的信息输出设备。与撞针式打印机比较有明显的优越性能：分辨率高，一般为每厘米120点以上。速度快、噪声低，可以灵活地进行图表、文字处理。激光打印机配以专用的汉字字库，其打印质量已可与印刷文字相媲美，而其打印的灵活性又是印刷文字所远不能及的。随着计算机的日益普及，在统计、管理等领域里日益要求文件、图表有较高的印刷质量。激光打印机在强大的市场推动下有了快速的发展，已形成一门有相当规模的新兴产业。激光打印机是 1975 年作为大型计算机高速输出用的行式打印机推出的，它的印刷速度每分钟可达 1 万行。到 20 世纪 70 年代末期，陆续推出了一批中速激光打印机，兼顾到集中打印需要较高速度，并具有高质量的印字功能和图像处理功能。随着计算机技术的快速发展和日益普及，新兴起的"OA"领域要求更为灵活、小型化、多功能的输出设备。以日本佳能、美国惠爵公司等为代表推出一批小型低速激光打印机投向市场，而且经年不衰。由于市场的扩大以及激光技术的发展，小型低速激光打印机采用了自调制半导体激光器作为光源，使得结构简化，体积小到只有普通打字机的一

激光打印机

半，任何办公室都有可能独立地配置。除了小型化和价格竞争外，激光打印机还在向彩色印刷方向发展。1986 年美国 QMS 公司和 Colo 公司联合研究和开发了一种 301 型激光打印机。其最大优点是解决了对深红、深蓝及黄色进行精确的配比覆盖问题，从而使彩色印刷可以达到和原图一样的色彩质量。印刷速度为单色每分钟 30 页，双色每分钟 15 页，以此类推，最高可达 5 色，分辨率为 120 点/厘米。这种打印机体积并不大，可以放在桌子上。

由于激光打印机的高分辨率特性，从而使打印机内部的微机要有高速寻址和大容量存储的能力。对于每一个汉字、信息量即达 1000 位，对于一种字库的汉字（约 7000 字）存储量即高达 7 兆位，因此内存的容量必须达到 1 兆至数十兆字节，寻址速度也必须十分高。

用在激光打印机上的激光器有氦氖、氦镉、半导体、等离子激光器等。高速大容量的打印机，大多配以氦镉激光器。中速高印刷质量的打印机，大多配

以氦氖激光器。低速的激光打印机则以自调制的半导体激光器作光源，但有的小型机也配用氦氖激光器。

经计算机处理后的文件信息送到激光打印机的光调制器，用来控制光束的开与关。外调制器常采用声光调制技术，调制频率达几十兆赫。光束信噪比达50:1。

经过调制的激光束，通过扫描光学系统偏转激光束在感光体上形成扫描图像。以前用声光偏转器扫描，分辨率不高。现在激光打印机扫描几乎都采用多面体棱镜高速旋转方式。这种扫描方式转速极高，每分钟数万次，因此对多面棱镜的加工和驱动电机的要求都极高。目前已考虑采用制造成本低廉的旋转全息图来制作偏转器。旋转用全息术做成的等间隔直线衍射光栅，可实现圆弧扫描。用光学系统对扫描线的弯曲部分进行修正，即可实现直线扫描。

成像透镜的任务是把旋转多面棱镜产生的恒定转速的偏转在感光镜上形成恒定速度的扫描并形成完整的帧平面画面。经过与普通复印机一样的感光、显影、转印、定影，一张清晰优美的文件便诞生了。

二、激光彩色复印机

1991年，在联邦德国汉诺威博览会上，日本佳能公司带去了一台数字式彩色激光复印机。为展示其"复印机技术发展的最高成就"，当场为参观者复印了美元和身份证，外表之逼真令观赏者惊叹不已，就连联邦德国主管发放身份证工作的内务部副部长对复印件也难辨真伪，这事引起了会场的轰动，佳能公司为此也出尽了风头。

彩色复印、彩色照相和彩色印刷样，基于减色原理：有一个分色过程，即将原彩色画稿分解为蓝、绿、红三色图像，然后以黄、红、青的染料成色，并精确重叠，经定影成为一张全色的复印品。从目前市场销售的彩色复印机来看，彩色复印方法主要有银盐照相法、光硬化微胶囊法、热转印法和静电复印法。

数字式激光彩色复印机是20世纪80年代后期才出现的高科技产品，是激光技术、电子技术、计算机技术合为一体的结晶。具体地讲就是激光扫描器、图像处理技术与静电复印技术相结合的产物。彩色复印机由于具有图像处理功能，因而可以方便地实现彩色转换、改变颜色平衡、加轮廓线和标题文字等，还可以进行多页分割、重复图像、多页放大等编辑工作，大大提高了复印机的技术水平。1992 年在巴西召开的世界环境保护与社会发展会议的会徽，就是由日本一位专门用彩色复印机作画

激光彩色复印机

的画家创作的。数字或彩色激光复印机的复印速度快、复印质量高，可以获得清晰而完美的复印品，是当前彩色复印领域中最先进的高科技复印设备。

三、激光照排机

印刷术是我国古代"四大发明"之一，印刷排字起源于木版雕刻，后来演变到活字排版，所用的活字起初是木质雕刻的，之后又发展为火化铅铸字。在整个过程中，需要铸字、拣字、拼版、固版、印刷、装订等工序，很显然，书籍资料的出版需要一个不短的周期。信息时代的到来，是伴随世界经济发展的必然趋势。作为信息传递的一个重要渠道，就是通过文字印刷的书籍、杂志、报纸等，而影响到书籍资料出版周期过长的一个关键问题就是汉字排字速度太慢。为解决这一问题，科学家们研制了一种激光照相排字机，简称为激光照排机。

激光照排机

现代的激光照排机都装有微型计算机，操作员坐在汉字终端前面，像

使用打字机一样，采用电子计算机编缉排版系统，把书稿输入到计算机内。书稿内容经过计算机而转换成点阵信息，用这种点阵信息去控制声光调制器，使衍射光通过扩束器，经过多画体反射镜的反射，由物镜在感光底片上聚焦成其有一定尺寸的光点。每当多面体反射镜转过一面时，在感光底片上就扫描曝光出来一行点阵信息，随着感光底片连续不断地运动和多面体反射镜连续不断地转动，在感光底片上所曝光出来的行接行的点阵信息就形成了文字的照排版，这种照排版俗称胶片。然后用胶片就可以制版印刷了。

激光照排机备有玻璃字模库，使用照排机上不同焦距的主透镜，能将玻璃字模板上的字放大或缩小，拍摄成20余种大小不同的字成像机感光版。同时，手动照排还可使用变形透镜，将拍摄的字像变成扁体和斜体等，因而能使一个字有480种变化，比起火化铅铸字来说，字型字体都丰富多了。

激光照排工艺的出现，标志着我国出版印刷业从铅与火的时代迈入了计算机与激光的时代，成为我国印刷史上的一次革命。

四、激光教鞭

在举办讲座、展览商品、到现场查看工程质量等凡需用黑板、挂图、投影仪以及需要指点确切位置的场合，有经验的机关工作人员就会早早地准备上一根1.5～2米长的细棒，这就是因学校的教师经常拿在手上而得名的器具——"教鞭"。

激光的出现为教鞭也带来了现代化的气息：在美国光学会展览会上展出的激光教鞭，格外引人注目，其诱人之处就在于它是利用可见光激光二极管制作而成的。这种激光二极管不仅可以作成激光教鞭，利用其可见光亮度高、方向性好的特性，还可以制

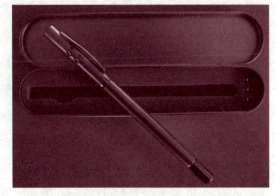

激光教鞭

成枪械的射击瞄准指示装置，即将其设计在可以套在枪管上的瞄准具上，使之与枪管基线平行，就可以"指哪打哪"，免去了眯起眼睛对准标尺缺口和准星"三点成一线的"的麻烦。外国已有作为防暴警察枪支的标准装备配备的，在开枪射击前。可以用激光束指示进行警告，也可以用激光束直接引导射击，具有很强的威慑力。

照相机的方向指示器。照相机的方向指示器有一快门联动机构，以防止将激光束散射的光摄入底片。这种装置在抢拍运动目标时特别有用，因为只要光线指向的目标在符合摄影家的要求时，按下快门就行了，避免了躬腰屈腿在照相机的平视取景器里追踪目标的劳苦。

五、光盘信息存储

从20世纪60年代开始，工业生产、科学研究以及社会服务都开始使用电子计算机处理信息。随着社会的发展，每天都有大量的数据、文字、图表需要存储和检索，而且这些需要处理的信息还在以惊人的速度增长着。这就需要发展一种存储量大、存放读取方便的存储器。现有的磁带、磁盘是很好的信息存储器，但是它的存储量还不够高，软磁盘的存储量约为2兆字节，硬磁盘也只能存储15兆字节。常见有些PC机标称硬盘210兆、300兆等，只是硬盘驱动器多串了一些磁盘，如D、E、F、G盘等，这样人们就千方百计地去寻求新的存贮手段和材料。激光技术的出现和发展，为信息的存贮技术开辟了一片崭新的天地。

光盘是70年代开始发展起来的光学信息存储技术。它既是用光束来存入信息，也是用光束来读取信息，而记录信息的东西又是一张盘片，所以通常把它称为光盘。激光唱盘和激光影碟也都属于这一领域。

光盘存储的特点，光盘有许多以往存储介质所不能比拟的优越性：一是它有很高的存储信息密度。举例来说，如果按一页纸1600字计算（16开），那么一张直径30厘米的光盘可以存60万页，相当于12万本《求是》杂志全部的内容。换句话说，一张光盘可以存储十万年的一种杂志；二是光盘存、取信息的速度很快，浏览一张光盘的目录只需 3～5 分钟；三是信息保存时间长，与其他存储介质相比较：录音磁带为 5 年，软磁盘为 5～8 年，硬磁盘为 7～8 年，而光盘最少是 30 年，甚至到一百多年。光盘有这样多的优点，自然为当代乃至未来信息社会所垂青。日、美、欧许多国家围绕这些方面的研究展开了激烈的竞争，从而导致了光盘存储技术日新月异的发展。科学家们预言，光盘已经在 21 世纪形成激光应用领域中最大的一门新兴产业。

光盘存储系统是以光盘机作为信息存储器，以不同的配置构成各种不同应用目的的系统。其主要特点是：容量大，存取速度快，寿命长，价格低廉以及应用多样化。它无损光学头和介质，可以将各种文字资料自动快速地存入，而且可以方便地进行检索、查询和处理，目前，光盘存储系统已应用于数据、文字、图像及声音等通用信息的存储与处理，为目前信息时代的一项极为瞩目的高新技术。作为光盘存储系统的主要部分——光盘驱动器业已进入商品化阶段的产品有三种类型：

一是用于数据记录和数据分配的驱动器；二是用于档案记录的一次写入多次读出的驱动器；三是可擦重写的磁光驱动器。

上述三种类型的驱动器分别适用于不同的场合，以满足人们对各种信息存储的需求。

美国伊利诺斯州 NTC 出版集团，推出了一种名为"世界语言系统"的光盘声像词典。内部存有 18 种世界流行的语言，用户可以轻而易举地从中找到某一种语言的某个词汇，同时根据用户的选择，可以提供所选中的词汇以及其他 18 种语言的拼法、意义、翻译、同义词、反义词等。最令人感兴趣的是，屏幕上所显示出来的是汉字。

一些美术博物馆正在考虑将世界名画和名贵展品用光盘摄录储存，以备参观者在休息室观看或购买。根据馆方的要求，光盘在显示名画时，用户可用鼠标选择某一部分进行放大仔细研究。而观看文物时则更有趣，不但可以看到正面，而且可以旋转、俯视和仰视，并且配有各种文字说明资料。

1993 年初，美国一家全国性的大报发行了一种光盘报纸，它的名称为

《今日美国——90 年代第一卷》。收录了 10 万则新闻。其中包括许多图片，并配有声音解说，拥有报纸、广播、电视的各种优点，兼顾了不同层次的读者，观众的口味。光盘上的资料可送入电脑读出，但电脑必须配备光盘机、高分辨率的彩色显示卡和显示器才能完全解读。

目前，越来越多的大公司已采用 CD－ROM（只读光盘）来对公司内部信息，诸如技术说明书、零件样本进行分配，并日益认识到其潜在能力。例如，西安飞机制造公司为美国波音公司加工波音 707 飞机的机头、垂直尾翼和密封舱门，从美国运来的图纸就有几吨重。如果用光盘来存贮这些资料的话，一只手提箱还装不满。美国一艘航空母舰所有系统的操作指南、构造说明书、维修手册全部加起来竟达数十吨重，所以，除在岸上基地和生产厂家保存有大量的资料外，每艘航母上都有一个专门的随舰技术资料图书馆。如果用计算机磁盘来储存这些资料的话需四到五个文件柜的容量，如果用光盘来储存的话只要四至五个抽屉就足够了。

CD－ROM 还可以作为软件工具库。在一张光盘下十分密集地存储十种以上广泛使用的工具包和参考文件，并符合现有的信息交换标准，可很容易地从任何一种个人计算机文字处理程序中提取。如 CAD（计算机辅助设计）系统，分别有建筑、化工、机械、电子等，每个系统都要占用大量的磁盘，如果搞机电一体化设计就不可避免地要调用机械、电子和建筑三套 CAD 系统，这样计算机存贮空间可能就显得非常紧张，相互切换也不方便。而用光盘来解决这个问题就简单得多了，因为使用一张光盘就已经绰绰有余。

1993 年 1 月 7 日，日本先锋公司推出了一种新的交互式光盘系统。这种"光碟"机，既能放新的电子图书视盘和交互式电影，也能放密纹唱片和普通激光唱片。有趣的是，在放交互式电影时，观众能像导演一样决定故事发展情节的各种选择。

WORM 存储系统。WORM 存储系统的最大特点是用户可以一次写入、多次读出。如果把 CD－ROM 比作一张印好文字的报纸的话，那么 WORM 初到用户手中只是一张白纸，一旦被用户写上文字以后，也就和 CD－ROM 一样的

TANSUO JIGUANG SHIJIE

可以反复阅读了。

1987 年正式问世的可擦写磁光盘系统（MO）一面世就供不应求、发展极为迅速。与 CD－ROM 和 WORM 相比较，MO 就像一块黑板，其最大的特点是可以由用户随意写入、读出、擦除和重写，具有目前计算机磁盘机的全部功能。

可擦重写驱动器作为新一代的存储设备，向传统磁盘的计算机外设地位提出了挑战。与 WORM 驱动器相似，早期的 MO 多用于图像存储和文件存储、其他则与 DEC、IBM、PC 和 HP 等系列微型计算机配套使用。由于 MO 可对写入的文件加以改写，所以，比 WORM 具有更大的灵活性。实验表明磁光介质的寿命期望超过 100 年，远高于一次性写入介质的估计寿命，故特别适合于办公室文件系统，容量也多在 1 千兆比特以内。

因为光盘只读存储器、一次性写入多次重读存储器、可擦除改写存储器的功能各有所长以及价格因素的影响，它们将长期共存，所以后来发展了一种兼容可重写介质、一次性写入介质和只读介质的多功能驱动器。从理论上讲，MO 驱动器出现后在技术上已不成问题。

由于磁光盘可以随意卸换，因此又出现了多种规格的自动换盘机，如 1990 年 4 月上市的日立 4S 盘位自动换盘驱动器，为当时世界上最大的（30 千兆比特）的光盘图书馆。时隔不久，有几家大公司就准备推出能容纳 1000 张光盘的自动换盘器，可谓是真正的"海量"存储设备了。

早期从 CD 唱片和激光电视唱片的原理我们可以得出这样的结论：作为存储介质的光盘要达到目前硬磁盘那样的随意读写是不可能的。但事实是世界上以日美系为主的大公司，如日立、日电、佳能、松下、索尼、理光、夏普、富士通、精工－埃普松、先锋、万胜、耐克斯托、奥林巴斯、三菱、久保田等都推出了性能相当不错的商品化可擦型光盘驱动器。那么，大家都一定很想知道其中的奥秘吧？我们不妨从其发展的动力来谈起。

各公司奋力推出可擦型光盘装置的背景，是市场的需求。海量信息存储技术是人类进入信息社会以来梦寐以求的愿望，它的应用几乎可以覆盖人类社会的各个方面，其市场潜力是谁也无法估量的。光盘存储装置包括了薄膜材料、精密光学、精密加工、光学记录、光控制、信号编码处理、有机化学、计算机软件技术等，光盘存储装置不但需要上述各门类的关键技术，而且要将其有机地结合协调起来，属于典型的技术密集型，处于高技术的顶端，最能显示一个公司的科技实力，是公司综合能力的象征。国际标准化组织已大致完成了可擦型光盘国际规格的统一工作，结束了企业各自为政的混乱局面，使国际大市场的形成具备了条件。

经过科学家们不懈的努力，已经探索出了可擦型光盘介质的新材料和新技术。可擦型光盘开始提出的技术方案比较多，经过激烈的竞争，基本趋于磁光型和相变型两种。但截止 1992 年底市场上出售的几乎全部是磁光型。

磁光型可擦型光盘的记录原理是：可擦型光盘所用的磁记录膜，当温度升到居里温度（从铁磁性向顺磁性转变时的温度，通俗地讲就是磁体磁性消失的转折点）时，磁性消失。外部施加磁场后，发生沿磁场方向的磁化。在这种具有整齐磁化方向的垂直磁记录膜上，加上逆向磁场后，发生沿磁场方向的磁化。如同时用激光照射、加热。照射部分便发生沿磁场方向上的磁化，信号被记录。读取时，利用克尔效应，即偏振激光照射磁化膜时，由于磁化方向不同，偏振面发生偏转，信号即被读出。这种磁光盘记录信号的稳定性好，但是需要产生磁场的电磁铁，装置体积大，也就显得笨重。

相变型可擦型光盘，利用相变材料的晶态、非晶态的差别来读取信号，由日本松下公司于 1989 年 3 月研制成功。盘片用聚碳酸醋树脂，记录材料采用 GE—SB—TE 系合金，介质保护膜材料采用掺氧化硅的硫化锌。其原理是，用强激光照射晶态薄膜，温度急速上升后，急冷变成非晶态，用以信号记录。读取时，利用晶态反射率高、非晶态反射率低而达到信号读取。相变型光盘装置简单，易于重写，但其记录介质即晶体的晶态、非晶态状态转换疲劳寿命尚未有权威研究结果，此指标关系到可擦除次数的延长。

可以肯定地说，光盘存储系统作为计算机的外部设备，具有极为有利的条件，推广普及的前景看好，但短期内还未能完全取代传统的磁记录系统。一是可擦除光盘驱动器尚不能直接重写，严重影响了写入速度。所谓的直接重写就是像硬磁盘那样消磁与记录同时进行。因此在写入速度上目前光盘尚赶不上硬磁盘；二是目前可擦型光盘的数据传送速率还比较低，为 4～5 兆比特/秒，不到新型硬磁盘的 1/3；三是在光盘发展的同时，硬磁盘技术也在发展，已经开发出了可卸换的硬磁盘和 50 兆比特的大容量盘片。综上所述，光盘与磁盘、磁带机将长期并存、竞争和发展下去。在同一计算机系统之中，在并用的情况下的存储配置层次为，半导体存储器（内存）—硬磁盘（俗称温盘）存储器—光盘存储器—自动盘库。

知识点

合　金

　　合金，是由两种或两种以上的金属与非金属经一定方法所合成的具有金属特性的物质。一般通过熔合成均匀液体和凝固而得。根据组成元素的数目，可分为二元合金、三元合金和多元合金。中国是世界上最早研究和生产合金的国家之一，在商朝（距今 3000 多年前）青铜（铜锡合金）工艺就已非常发达。

延伸阅读

电磁铁

　　通电产生电磁的一种装置。在铁芯的外部缠绕与其功率相匹配的导电绕组，这种通有电流的线圈像磁铁一样具有磁性，它也叫做电磁铁（electromagnet）。

我们通常把它制成条形或蹄形状，以使铁芯更加容易磁化。另外，为了使电磁铁断电立即消磁，我们往往采用消磁较快的的软铁或硅钢材料来制做。这样的电磁铁在通电时有磁性，断电后磁就随之消失。电磁铁在我们的日常生活中有着极其广泛的应用，由于它的发明也使发电机的功率得到了很大的提高。

激光在通信中的应用

一、激光通信的特点

激光通信就是采用激光作为信息载体的通信技术。

通信经历了有线到无线，长波、中波到微波，从传送符号、声音到传送图片和活动图像，从地面通信到卫星通信的复杂发展过程。由于空中相同和相邻近频率的电波会如电话串音一样互相干扰，因而在一定范围的地区内各通信系统不能同时采用相同的频率，只能按频率高低顺序排列，或者将使用同一频率范围的时间错开。随着信息传输量的日益增长，便出现了所谓空间频率拥挤的问题，这样人们就不得不向更高频率的波段寻求出路，激光的出现展开了科学家们紧锁的眉头，它不但能满足目前一般通信日益增长的需要，而且为许多新的通信领域开辟了广阔的前景，使通信面貌焕然一新。这些都是与激光通信所独有的特点分不开的。

通信卫星

1. 通信容量大

激光通信最引人注目的优点就是其巨大的通信容量。通信容量的大小，通常是指一对电线或电缆上能通多少路电话。通信"带宽"是通信容量的一种"术语"，带宽通常用频率范围来表述，频率范围越大，通信带宽也就越宽，好比马路越宽，容纳来往的车辆就越多一样。

大家知道，无线电短波频率范围约为 3～30 兆赫，微波频率范围则为 1～10 千兆赫。尽管后者频率只提高了几百倍，但却使无线电的应用发生了巨大的变化。它使通信很快地进入了雷达、微波中继通信等系列新的技术领域，从而才能在很多城市接通上千路电话与多路电视。全球如果按 50 亿人计算，则全世界的人同时利用一束激光通话还绰绰有余。当然，这只是理论上的潜力，实际应用在目前的技术上还达不到这样的水平。即便如此，这样巨大的通信容量，也是过去任何通信系统都望尘莫及的。

2. 通信质量高

通信质量高的含义有两个方面。一是抗干扰性强；二是信噪比高，失真度小。我们打开收音机后都有这样的体会，就是接收到的广播信号中不时夹杂着一些噪声，在收听的信号较弱的情况下，常常是几个电台不请自到，挤在一起同时广播，遇到雷雨天气还会听到爆裂声。其原因就是空气中充满了各种各样的电磁波，相互干扰，好比闹市中拥挤不堪的人群，互相碰撞，喧哗不止，要听一个人的讲话非常困难一样。所以抗干扰成了无线电通信的一大难题。

而对激光来说任何电磁波的干扰都无济于事，就连核爆炸也奈何不得，因为激光的频率高得出奇，使普通的电磁波望尘莫及，就好像地面的人群和车辆再多也干扰不了天上的飞机一样。信噪比是指有用的信号与无用的噪声之间的比值，这个值越大越好。如我们在火车站嘈杂的人群中讲话，扯开喉咙喊对方他也不一定能听得清楚，这就是信噪比不高的缘故。相反，如果在夜深人静时，连手表秒针的滴嗒声也能清晰听见，换句话说，能把干扰因素除掉，信噪比也就上去了。失真度小就是信号在传输过程中不畸变，通俗地说就是不走样，远隔千山万水一听声音就能区分出是张三还是李四在说话。激光通信能把上述几个方面综合起来满足人们的要求：通电话，声音清晰；用来传输数据，准确无误；用来传递图像，色彩艳丽清晰。

3. 保密性能好

普通的通信手段无论多高明也免不了会泄密。就拿轰动一时的美国"水门事件"来说，就是事关美国总统大选核心机密的通话内容被窃听而引发的。第二次世界大战中，日本海军司令山本五十六，也是因为无线电通信被美军截获破译，而遭伏击丢掉性命的。诸如此类因通信泄密而导致损失的事例，无论平日和战时都屡见不鲜。但如果采用激光通信情况就不同了。就拿大气激光电话通信来说，因为激光几乎是一束平行而准直的细线，在空间传播时发散角特别小，不像普通无线电通信那样向周围空间发散，也不像目前被认为保密性较好的微波那样会存在一个旁瓣发散，真正是千里之行一条线。加之它大多是不可见的红外线激光，所以想截获将是十分困难的。光纤通信则更优越，因为光频本来就易于屏蔽，加上光纤的波导作用，偷听、泄密的可能性基本上可以消除。即使光纤被窃听者发现，也只能是"望纤兴叹"。因为光纤本身根本无法安插"旁路"，弄不好细细的玻璃纤维会立即断成几节"粉身碎骨"，使企图窃听者一无所获。所以激光通信在军事上素有"天然保密员"之称。

4. 原料足、价格低

目前在民用领域的激光通信大都为光纤通信。顾名思义就是利用能导光的纤维来进行通信。制造光纤的原料是二氧化硅，在地球上约占总矿藏的14%，可以称得上是"取之不尽，用之不竭"的。光导纤维的用料非常少，如拉制芯径为5~10微米的单模纤维，1千克的超纯玻璃可拉制上万千米长的丝，如果要铺设1万千米的1600路的同轴电缆，至少要耗费掉1200吨铜，1500吨铅，而通信能力还不及一路光纤的1/1000。显然，光导纤维通信不仅十分经济，而且可以节约大量的贵重金属材料，大大减轻或缓和有色金属供不应求的矛盾。据说，20世纪70年代非洲的一些产铜国家，成立了铜输出国组织，用以协调行动，保护铜价，使成员国受益。但光纤通信的出现造成世界需铜量锐减，使铜输出国组织的成员国叫苦不迭，该组织也就名存实亡了。

二、激光通信的原理

电话是由美国人贝尔发明的，这个常识大家都知道。但贝尔曾发明过光学电话知道的人就不多了。贝尔发明的光学电话，是把弧光灯发出的稳定不变的光束照射到能反光的话筒的薄膜上，当薄膜随着声音的振动而振动时，从薄膜上反射的光束也随之变化。接收端用一个大型抛物面反射镜，把发送端送来的随着声音变化的光束反射汇聚到硅光电池上，转变成电流推动受话器发声。由于话筒音膜反射的光恰好反映着声音的变化规律，所以，受话器发出的声音就还原成为原来的话音。这就是原始的声—光—声转换的原理。激光通信虽然是在此基础上发展起来的，但却比当年贝尔发明的光学电话复杂得多。

激光通信实际上是有线通信的电信号处理技术、无线通信的调制技术、激光技术、光学传输技术相结合的产物。

同电波通信一样，激光通信实际上是将激光束作为载送信息的一种载体波，所以能产生连续稳定而又符合一定频率要求的激光束，这就成了通信用激光器的基本标准。目前通信多采用半导体激光器，这是因为它的效率高，重量轻，体积小，调制简单，寿命又长等缘故。此外也有采用钇铝石榴石固体激光器和二氧化碳气体激光器的。

信号编码与调制。用常规的方法把发话器传来的话音信号变为电信号，这样的电信号固然可以直接加到调制器上，但为了充分利用光路频率资源，一般还要经过编码器后才送往调制器。如果把激光束比作运送信号的传送带的话，调制器就好比一个装卸工人，他的任务就是把经编码分类后的话音信号放到激光束这条传送带上。调制器按编码电信号的变化规律对不变的激光束进行调制，使光束随话音的变化而变化，即光束载上了话音信号成为光信号。

同样，激光器输出的激光强度也就随着外加的高频交流信号的大小变化着。由于这种调制是改变激光器的激励电流来进行调谐的，所以又称之为"电源内调制"。如果用铌酸钾晶体作为调制器，把电信号加在上面，同时让激光通过该晶体，即可实现电光调制；电信号变为磁场信号是比较容易实现的，如果把铌酸钾晶体换成铁石榴石晶体，把加在上面的电信号换成磁场信号，然后让激光束通过该晶体，就可以实现磁光调制。

激光信号的发射与接收。在无线电通信中，信号的发射和接收都要靠天

线，激光通信也不例外，只是激光的频率太高，普通的金属天线无能为力罢了。所以激光通信的天线都采用了光学天线。光学天线实际上就是我们常见的凸凹镜或抛物面反射镜，依据使用对象的不同而采用的材料和组合的形式也有所不同。光学天线种类繁多，形状不一，常用的有三种类型：

一是会聚式光学天线，它是一种用凸玻璃镜组成的天线系统。用作发射天线时，先将激光器放到透镜的焦点上，从激光器发出的激光，经过透镜"准直"后，就变成了几乎完全平行的一道光束发射出去；若用作接收天线时，其工作过程恰好是发射天线的逆过程，只要把光电探测器置于原激光器所在焦点位置下，透镜便将来自对方的一束平行光，汇聚到光探测器的光敏元件上。这种天线结构简单，制作方便，造价低廉，光透射率较高，是目前激光通信的常用天线之一。

二是折射式光学天线，它是一种用两种单凸玻璃透镜组成的光学望远镜，激光器发出的光束，经过目镜射入，再从物镜射出。光束通过两个凸镜的两次变换，就把原来截面较小而发散角较大的发散激光束转变成为发散角很小的平行光束。反过来也可以把截面较大的平行光束变为截面较小的光束，主要根据使用的要求，选择合适的镜片就行了。

三是反射型光学天线。典型的反射型光学天线有两种，一种是由卡塞格伦发明的，称之为卡塞格伦型天线，它由一个大的抛物面形主反射镜和一个小的双曲面形副反射镜组成，其中副反射镜置于主反射镜的焦点上；另一种是牛顿发明的牛顿型天线，也是由主反射镜和副反射镜组成的，它与卡塞格伦型天线不同之处在于，前者的入射光线与射出光线方向是互相平行的，后者则是互相垂直的。另外，由于卡塞格伦天线的主反射镜中间要开出一个透光用的小孔，致使从主反射镜发出的光束的能量要损耗一部分，所以相比之下牛顿型天线显得结构简单、效率高。

如果是大气激光通信，将天线指向接收机的方向，就将通信信号发射出去了，其传输激光信号的介质就是大气。如果是光纤激光通信，则只需将发射天线与光纤直接耦合就行了，这样，在光纤通信中，常把发射天线与其他组件制作在一起成为耦合器，而传输激光信号的介质就是光纤了。

激光信号的接收恰恰是将发射的过程倒过来，就是发射天线变成接收天线，原来放置激光器的位置改为光电探测器就行。光电探测器也称作是光接收器，有用硅光电池、光电倍增管的，也有用光电二极管的。其中光电二极管小巧玲珑，坚固耐用而应用广泛。

光电二极管的探测原理：当没有激光照射时，PN 结处于平稳状态，反映到输出端的电压就为一衡定值。当有激光照射时，PN 结便产生了新的电流，如果入射激光的强弱不停地变化，那么反映到输出端的电流也就随之变化，这样就完成了光—电的转换。激光通信信号在发射前有一个编码和被调制的过程，那么，在接收时也就要有一个解调和解码的过程，就如装卸工把传送带的物资卸下来，这才能除掉激光通信信号中的载频成分，还原成话音信号。这时的信号是不是可以供人们收听了呢？不行，因为此时的话音信号经过长途跋涉和各种原因的损耗已经非常微弱了，所以必须把话音信号进行放大后再送到受话器。这样才完成了激光通信的全部过程。

上述一系列复杂的变换过程实际上都是由发射和接收机瞬间完成的，所以人们在使用时仍像普通电话那样的方便。同理，激光也可以传送电视、电报、图片、文件等信号，只是发射和接收的机器构造有所区别而已。

三、激光通信的方式

激光通信的方式根据传输介质的不同，分为大气通信、光纤通信和水下通信三种。其中，水下通信目前仅用于军事领域。

激光大气通信。激光大气通信具有无线电通信的便捷和有线电通信的保密性，而且不怕窃听，所以特别适合于临时、紧迫以及意外事件和要求保密性很高的定点通信的场合。如因建筑物或江河湖海的阻隔，敷设电线电缆有困难时；岛屿、山头之间传统的造价太高不合算时；高速电视传真、数据传送无线电频带分配有困难时等都能派上用场。

用于激光大气通信的激光通信机可分为座机和便携机两大类。常见的座机有半导体砷化镓单路激光通信机、二氧化碳多路激光通信机和氦－氖气体大容量激光通信机。便携机则有多种多样的造型，有望远镜式、手持式、头盔式等。尽管座机和便携机的构造千差万别，但其工作原理则都是相同的。

实现激光大气通信的首要条件是两地必须"通视"，也就是说能看得见。两点间有建筑物、高山或其他物体遮蔽的话，通信信号也就被隔断了。加之激光大气通信由于存在"大气散射"、"大气吸收"、"大气湍流"等不良效应，使激光大气通信的距离和使用范围受到了很大的限制，迫使人们寻求新的传输方法。

激光光纤通信。远在18世纪初，一位工人在劳动中无意地观察到水管里的水能够导光。时隔不久，一位希腊工人又发现光不仅可以从玻璃细棒的一端迅速地传到另一端，而且丝毫不向棒外发散，如同水在水管里流动一样。很早就发现了光导现象，但一是没有高质量的相干光源，二是没有低损耗的玻璃纤维材料，所以人们只是使用普通玻璃丝与普通光进行一些关于光的全反射以及折射的演示和试验。

1960年激光出现后，于1966年刚从英国伦敦大学毕业的33岁的英、美双重国籍的华人科学家高琨，发表了一篇题为《适合于光频率的绝缘介质纤维表面波导》的论文，首次提出了只要解决玻璃纯度和成分就能获得光传输损耗极低的玻璃纤维的学说。依据这一理论，1970年美国康宁公司首次提出了光耗20分贝/千米的光纤设想，从此光纤研究和生产领域逐渐活跃起来。到20世纪80年代，光纤技术已形成了一门相当规模的产业，达到了实用阶段。

所谓"光导纤维"实际上是一种比头发丝还细的玻璃纤维丝，呈圆柱形结构，中间为直径8微米或50微米的纤芯，外面裹以与纤芯折射率搭配的包皮，以保证实现光纤内的全反射。然后再涂上塑料护套，外径一般为125微米。可像普通金属导线那样由多股绞合而成光缆。一根光缆可以通几万路电话或几十路彩色电视节目，如美国的144芯光缆就是这样。

在光纤通信中所使用的通信机，结构比起激光大气通信机来，除编码和调制系统外，取消了瞄准系统。发射和接收天线也简化为集成化耦合器，由激光通信机直接耦合到光缆之中。此外，在长距离传输中，光中继放大器也是不可少的。

激光光纤通信虽然发展得比较晚，但由于巨大的市场推动作用，目前已成为现代通信领域内的一大支柱，并且有越来越兴旺的趋势；美国早在 1988 年就敷设成功横跨大西洋、容量为 3.2 万路双向电话的 TAT—8 海底光缆通信工程。日本经济企划厅于 1991 年 7 月 18 日提出报告书，要求在 2010 年前后将超高密度、超高速"太比特光通信系统"付诸实用，该技术为传送彩色图像所必不可少，与太比特通信系统连同相关技术，如光纤、存储元件、光计算机元件及机器，加在一起将产生超过 10 亿日元的巨大市场，成为日本高技术产业的支柱。

而在欧洲，20 世纪末，光纤市场也异常活跃。它在持续经济衰退的阴影中一枝独秀，1991 年交易额为 11 亿美元，1995 年约 20 亿美元，平均年增长率为 17%。

以国际数字通信公司、国际电报公司为首的各国从事国际通信的企业家，于 1991 年 8 月 6 日在英国签订了连接从日本到新加坡的海底光缆 APC 的建设与维修协定，并着手建设。当时预计有 23 个国家、地区的 38 家公司将成为这条光缆的共同所有者，于 1993 年 7 月底开始交付使用。它成为从日本向东南亚延伸的第一条长距离光缆。

根据《日本产经新闻》1992 年 12 月 21 日报道，从美国西海岸彼特兰的太平洋电信公司，到日本国际数字通信三浦电缆局之间，8397 千米的高清晰度影像传送和数字影像传送都获得了完满的成功。

我国自 1987 年首先在上海两个市话分局之间铺设了一条 1.3 千米长的光纤通路至今，已建成的光缆总长达 5000 千米以上。1992 年 12 月 14 日，我国邮电部、日本国际电报电话公司和美国电报电话公司，在北京就开通中国南汇至日本九州的宫崎，全长 1250 千米、560 兆比特、7560 回路的两条海底光缆的建设和维修达成协议，当时预计 1993 年 12 月底前开通。这将成为开通我国第一条连接国外的海底光缆。

我国的沿海光缆干线，已于 1992 年 11 月 24 日全线开通，使得沿线长途通信能力提高了 10 倍以上。这条干线全长 2800 千米，容量超过了 1 万条回路，共投资 4.5 亿元。途经江苏、上海、浙江、福建、广东 4 省 1 市与 72 个城市联网，将为改革开放发挥出巨大的作用。

据有关部门介绍，我国将陆续建成北京—济南—南京、北京—沈阳—哈尔滨、徐州—郑州、郑州—西安—成都、杭州—福州—贵州—成都、北京—武汉—广州、西安—兰州—乌鲁木齐等 7 条光缆干线，总长度为 3.2 万千米，总投资将超过 60 亿元。届时，在祖国大地上将构成一个完整的光缆干线网，彻底改变目前通信拥挤的现状。

光纤通信在军事上同样应用很广。美空军后勤司令部目前已在 8 个空军基地铺设了据称是迄今世界上同类网络中最大的光纤通信网络，每个基地至少有8000 台主计算机、终端等设备连接在网络中。美军是在 1986 年正式开放军用光缆市场的，仅用一年多的时间，就敷设了 12.5 万千米的光纤通路，其应用规模和发展速度使通信工业界大吃一惊。

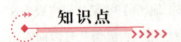

知识点

海底光缆

海底光缆，Submarine Optical Fiber Cable。又称海底通讯电缆，是用绝缘材料包裹的导线，铺设在海底，用于国家之间的电信传输。

信息高速公路

1993年9月，美国总统克林顿宣布了一项"美国全国信息基础设施计划"亦称之为"全美信息基础计划"。此项预期数十年完工、耗资4000亿美元的计划一问世，便引起了世界范围的关注。这一计划是旨在建立起覆盖美国全境的光纤网络，通过电脑系统，采用电视、传真、电话等通信手段，向美国公民适时地提供所需的信息。这一计划以光纤为依托，融激光技术、光纤技术、计算机技术、通信技术、网络技术、多媒体技术、卫星通信技术等为一体，以交互方式传递信息数据、图像和声音。由于它能以极快的速度和巨大的容量传递信息，所以被报界称之为"信息高速公路"。鉴于"信息高速公路"的建成、联网及其营运，将对各国竞争优势的消长、金融服务全球化和全球经济前景的转化，乃至各国政治和文化建设带来重大和深刻的影响，所以，继美国之后，欧共体、日本、韩国、加拿大、英国、法国、新加坡也都先后宣布了各自的"信息高速公路"计划，个个出手不凡，志在必成。

我国的有识之士也大声疾呼：为了在席卷全球的国际信息技术革命风暴面前站稳脚跟，我们也应当拿出搞三峡工程那样的气魄和财力，扎扎实实地设计和建造我国跨世纪的信息技术工程。

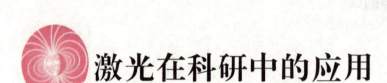

激光在科研中的应用
JIGUANG ZAI KEYAN ZHONG DE YINGYONG

　　几十年来，激光技术在科研中的应用日益广泛，并与多个学科相结合形成多个应用技术领域。激光不仅大大地丰富了生物学的内容，而且在遗传工程、改良生理功能，诱发动物、植物和微生物的突变等方面起着经典光学和传统的手段所不能替代的作用；在化学研究中，人们利用激光技术可以使人们以毫秒、纳秒、皮秒乃至飞秒的时间量级精确地控制和观察粒子之间的各种反应，可望有朝一日能合成任何人类所需要的但自然界并不存在的新物种；随着现代化工业社会的发展，环境保护已成为全球性的热点问题。利用激光可以对环境质量进行精确的测量，以便为有关部门提供决策依据。此外，在与人类生活休戚相关的预防自然灾害事故方面，激光也有广泛的应用。在某种程度上可以说，在科研中所遇到的难题，大都可以尝试用激光技术来解决。

激光创造的纪录

激光的四大特点已为我们所熟悉。正是激光的这些独具的特性，以及由这些特性所引起的种种效应，导致了以前人类所掌握的任何手段都不可能创造的奇迹。我们现在以"最"字作为各个小标题，来集中介绍一些具有代表性的事例，最能说明激光技术的神奇魅力。

最亮的光源。就人类所知，世界上存在的最亮天然光源是太阳。太阳的表面温度约为 6000K，而目前实验室用现代技术所能创造出的最亮光源是热核聚变等离子体，它的中心温度可达十几亿度。可是即使是温度如此之高的光源，它的单色亮度，即光子简并度（即单一辐射模中存在的光子数），却是很小的。拿太阳来说，它在 600 纳米（毫微米）波长的单色亮度并不高，而聚变等离子体在同一波长的值比前者略高一些。而激光则不然，由于光腔的限模作用和光子在腔内的反复放大，故而单色亮度特高。拿一台普通的输出功率仅几毫瓦的氦氖激光器来说，它的单色亮度却远远超过任何其他光源，对于输出单模功率更大的激光器，这一数值将会更高。由此可见，激光是世界上现存的单色亮度最高的光源。

最强的电场。我们知道，电磁波是场存在的一种形式。高功率激光也就是一种高强度电磁场。目前，世界上已能造出输出脉冲功率高达 $10^{14} \sim 10^{15}$ 瓦的超高功率激光器，若用透镜将这种激光聚焦成直径为 100 微米的光斑，这一场强数值不仅远远超过了目前在实验室用其他方法所产生的场强，而且也达到了氢原子的库仑场强。这意味着，任何原子在碰到如此强的场强时，它周围的电子都将被该场拉开而剥离，最后形成裸核，至少在一个瞬间是如此。研究这一瞬间的粒子行为将是很有意义的。

最大的压强。在激光聚变研究中，为了减轻对高能激光驱动器的功率要求，科学家们提出了一种向心聚爆压缩实现热核点火的方案，方案的实质是利用许多束脉冲激光，从四面八方同时均匀地照射一个热核材料靶丸，该靶丸的外表面首先被蒸发而形成一层等离子体束，能在临界密度（该处等离子体的频率等于入射的激光频率）附近形成一层内稠外疏的等离子体冕区。沉积在冕区的热能通过电子向内传导，达到未被加热的靶面，并引起靶面物质迅速消融并产生极大的热压强，外层热粒子将以极大的速度向外喷射逃逸。按动量守恒原理，一个大小相等、方向相反的反冲力，则将内表层的粒子猛烈地压向球心，迫使壳层半径收缩，而形成一个温度极高、密度极大的热核，从而引起热核点火。这是迄今为止人类所获得的最大压强。

最短的光脉冲。自然界中存在着许多变化时间极短的过程（包括物理、化学和生物过程）。人们要研究这样的过程，探索其规律，就需要有相应的探针。可是在激光问世以前，由于技术的限制，这种探针是无法找到的。只是到了 20 世纪 80 年代，激光技术的发展有了新的飞跃之后，这个问题才有了解决的可能，并且也已成为现实。目前利用腔内对碰锁模技术和腔外脉冲压缩技术，都能获得超短激光脉冲，利用后者，科学家已获得了 6 飞秒的光脉冲，创造了超短脉冲激光的新纪录，这一成果对于开展瞬态过程的研究，提供了极其有用的工具。

最高的光谱分辨率。在激光没有发展之前，由于所有的光谱方法都无法消除因原子（或分子）运动所引起的多普勒加宽，致使光谱分辨率始终无法突破这一限制，不管你采用多么大的光栅和多么好的法布里—珀罗干涉仪，其光谱分辨率却只能停留在 $10 \sim 10^6$ 的量级，这已成为高分辨光谱学发展的一个重大障碍。激光出现以后，情况发生了革命性变化，科学家们利用激光与物质相互作用的非线性效应，如饱和吸收、双光子过程，以及瞬态光学效应等，不仅可以突破原子多普勒加宽给高分辨光谱带来的限制，甚至还可突破自然线宽的限制，实现亚自然线宽的超高光潜分辨率。目前，非线性激光光谱已达到了 $10^{10} \sim 10^{14}$ 的超高分辨率，使光潜学的分辨率一下子提高了 $7 \sim 8$ 个量级。正因为激光光谱具有这种非凡特性，人们才有可能涉足于过去无法想象的对黎德堡态和自电离态的研究。因此，可以说激光光谱又为人们窥视更深一层的微观世界打开了一扇封闭已久的门。

最高的灵敏度。利用单模激光良好的单色性和方向性，可以高选择性地激发处于空间某一点的单个原子，如稀疏原子束中的某个原子，或者使之发光，或者进一步激发而使之电离，通过光子计数或电离脉冲计数，人们便可检测出单个原子的存在和它的其他行为。这不仅对超微量检测，而且对原子物理本身的基础研究，都具有重大的意义。这一点，没有激光是根本不可能做到的。

最弱的信号检测。我们知道，弱信号检测是受光电接收器暗电流噪声限制的。当信号强度低于噪声时，一般是不能检出信号来的，而虽然利用相干检测技术可以从一般噪声前景中提取出预定的信号，但是，如果这种噪声主要由辐射光源本身的量子起伏决定时，已有的一切检测方法都将对其无能为力。然而矛盾总是在对立的斗争中求发展的。虽然激光的出现改进了相干检测的灵敏度，但利用激光本身却不能获得被量子噪声所淹没的信号，因为相干光的两个正交振幅分量的量子噪声是相同的，且两者之积为极小值，这是由海森堡测不准关系决定的。可是，另一方面，由激光通过相同介质的相互作用所引起的非线性过程，如参量不转换、四波混频等都具有压缩量子噪声的性能。因为这种压缩态光的两个正交振幅分量的量子起伏是不相同的，因此，人们可以利用一些方法尽可能地压缩一个分量的量子起伏，而让另一个分量的起伏增大，以维持测不准原理所要求的两者之积为极小值的要求。目前在好几个实验室中都获得了量子噪声被压缩的压缩光，有的已达到了60％以上的压缩。这样一来，如果人们将信号载于压缩光上，通过零拍检测，便可实现强度低于辐射量子噪声的超弱信号传输和检测。目前的应用目标之一是对引力波的探测。

最大的信息传输力——孤立波。虽然1842年一位英国科学家早就发现了孤立波，但在以后的100多年中，孤立波的研究基本上还是停留在理论和基本特性方面，尚未在实践中得到真正的应用。激光发明之后，情况则起了变化。随着光纤光学和光纤通信的迅速发展，孤立波才真正找到了它的用武之地。一

个孤立波研究热已经形成。现在已经很清楚，激光脉冲在光纤内传输时，波群内不同速度的光波，一方面受到介质线性色散的调制，使光脉冲的宽度沿光纤轴线方向展宽；另一方面，强光脉冲在光纤内引起的非线性折射率效应又将展宽了的脉冲宽度拉回来使之保持原样，使两种正负效应相抵消，这样，就可保持这种波的传输波型和传输速度不变，具有这样特点的波就叫孤立波，由此可见，如果没有散射及其他损耗，孤立波在光纤中的传输距离是非常之大的，也就是说，勿需中继，孤立波通信将可达到几百千米乃至几千千米。目前的实验研究，已经显示出这一苗头。如果我们用信息率与里程之积来标志这种能力，那么孤立波已达到 30 太比特/秒，普通光纤通信则只为 0.8 太比特/秒。两者相差约 40 倍，随着光纤制作技术和光纤光学的发展，这一差距必将进一步扩大，孤立波通信时代一定会来临。

　　最冷的原子。我们知道，一束原子束，如果对着它的运动方向，用一束激光照射它，原子在吸收了光子之后，将因自发辐射而辐射出光子。多次重复这一过程，原子的运动就可逐步停止下来。当然，在这一过程中，为了匹配原子因每次减速而引起的多普勒频移，照射用的激光是需要扫频的。目前这项工作已取得很大成就，原子已可冷到量子极限以下。

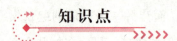

知识点

量　子

　　在微观领域中，某些物理量的变化是以最小的单位跳跃式进行的，而不是连续的，这个最小的基本单位叫做量子。

延伸阅读

不流血的手术刀——激光刀

在医院里提起动手术，总会引起病人和家属们的恐慌。这也难怪，因为传统的外科手术动刀动剪，患者都免不了要流血。为了保证手术的顺利进行，护士们总要准备一大堆止血器械和脱脂棉、纱布之类的东西，更增添了手术室的紧张气氛。

现在，外科手术中的很多场合已用上了激光刀，它改变了人们认为开刀就一定得流血的观念。

所谓激光刀，就是利用激光束对人体组织作切除、凝固、止血、汽化等手术的一种新型医疗仪器。它通过激光器辐射一种波长很容易被人体组织吸收的激光束，在人体组织吸收的过程中，将光能转化为热能，以破坏病态组织，达到治疗的目的。

人体的各个部位对激光的吸收程度是不同的，而不同波长、不同功率激光对人体的某个部位的作用也不相同。所以采用不同振荡频率的激光器，获得不同波长的激光，制成各种激光刀，就可以有选择性地对人体组织产生不同的影响，达到不同的治疗目的。

激光在检验测量中的应用

一、展示细胞内部结构的激光显微镜

自从胡克发明显微镜以来，显微镜一直是最直接的观察和精细检测的手

段；为适应科学技术的发展，显微镜自身也在不断地发展，逐渐形成了一个琳琅满目的显微镜家族，如光学显微镜、紫外显微镜、电子显微镜、超声显微镜等。光学显微镜由于工作于可见光波长内，无论如何提高镜头的精度，也无法分辨被观察物体小于 100 微米的细节；紫外显微镜由于像差等问题难以解决，在实践中难以应用；可超声显微镜的分辨率还不如普通光学显微镜，只能用于特殊场合或进行物理演示；称雄一时的电子显微镜，虽然有很高的分辨本领，但也存在不少难以克服的缺点。例如，电子束要求真空，这就使观察活的、潮湿的生物样品极其困难。高能电子束的轰击，对样品也有明显的损伤。对于本身发光的样品，电子显微镜就无可奈何了。

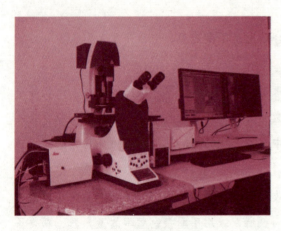

激光显微镜

由于在科学研究和实际应用过程中，人们对显微镜的要求越来越高，上述几种显微镜已远远满足不了科学研究与生产实践的需要，迫使人们寻求其他的方法。经过多年的探索，终于制成了激光显微镜。

X 射线激光显微镜。英国威尔士大学医学院的罗伯特·戴维斯博士研制成功的 X 射线激光显微镜，以波长比可见光短 100 倍的 X 光做光源，所以有比可见光显微镜高 100 倍以上的分辨能力。

使用 X 射线激光显微镜，可以直接观察生物样品，不必像电子显微镜那样需对样品染色。由于所需 X 射线剂量很小，因而对样品的辐射损伤也大为减少。利用这种显微镜，能使生物学家直接观察到控制繁殖、抵抗疾病，以及其他许多科学家都期望了解的生理功能的微观过程，能够最精细地揭示活细胞内的微细结构，将为生物学家开辟一个科学发现的新天地。

在 X 射线激光显微镜中，可使用多种不同的显微镜技术，如接触显微术、扫描显微术、波带板成像术、多膜层反射镜成像术和掠入射光学元件成像术等。这些技术各具特色，以适应不同的要求。例如把一种抗蚀剂的光敏物质作为照相底片，把它放在要观察的样品下，用 X 射线束曝光，就得到与样品同样大小的 X 射线照片，即称"X 射线接触显影术"。用这种方法，可以拍摄人体血小板的照片；利用波带板成像术，可以拍摄厚度只有几微米的肝细胞截面照片。X 射线激光显微镜，还能清晰地显现出红细胞单细胞，因而能给医生提供较理想的毛细血管图像。

共焦激光扫描显微镜。由德国卡尔·蔡司公司生产的这种显微镜，把激光光束聚到生物样品的某个平面，而把该面前后的离焦光束挡掉。这种被称做"光学截面制图"的技术，可以将不同聚热程度的图像重叠，焦深很大。系统分辨率达 0.2 微米。尤其是它的三维成像能力，使研究人员可以在原生物样品中"旅游"，或确定吸收荧光染色的细胞组织位置。因此可显示活细胞的相互作用，以及 DNA 或神经网络等。

细胞物体的三维结构。在对染色体进行分析时，研究人员可在一个正在分裂的细胞扫描场中观察到转变期的整个过程，然后可变焦到某一个染色体，寻找可能的缺陷和断裂。由于许多样品都很娇嫩，不能承受高能激光，所以要求荧光探测用的光电倍增管具有高灵敏度，以免荧光衰退。

这种共焦激光显微镜正用于神经学、遗传学、免疫学、病理学、生物生理学。当然也可以用于工业领域。如陶瓷和金属超精细加工，可用这种显微镜探测到材料表面 1 微米量级的微小高度起伏。

原子力激光显微镜。扫描隧道显微镜技术曾在 1986 年荣获诺贝尔物理学奖。这是物理学与计算机结合的产物。它是把电压加到样品和探针上，当探针接触样品时产生隧道电子，其隧道电子数将随样品到探针的间距而改变，其纵向和横向分辨率均可达埃米级。在扫描隧道显微镜基础上，美国数字仪器公司又推出了原子力显微镜。该技术是把前者的导体探针改为金刚石针，并使其悬浮在样品表面。利用光学杠杆法进行原子间排斥力的探测，从而给出被测表面的三维数据和图形。

与扫描隧道显微镜相比，原子力 X 激光显微镜不仅可检测导体，而且可检测绝缘体，并由接触式改进为非接触式。

二、明辨真伪的激光分析术

利用激光具有的瞬时能量大、方向性强、发散角小的特性，可以进行微米级的微区和小颗粒的特殊分析。

某海关有一商人，从国外带回一珠宝首饰，但担心其是真是假，就请海关予以鉴定。海关分析人员首先用直径 25 微米小的激光束激发摄谱，然后以 50 微米与 120 微米的直径在同一区域连续进行激发摄谱，获得三种谱线。然后对样品进行分析。其结果为，第一条谱线显示有金、银；第二条谱线含有金、银、锗以及铜、锌；第三条谱线显示有少量的金、银、锗外，主要成分是大量的铜、锌。

美国芝加哥一名法官被控贪污，法庭下令其交出财务记录，他却将有关资料烧毁了。然而他并未逃脱法律的惩罚，原来是激光技术帮了大忙，美国税务局有一个科学签证实验室，专门研究对付财务犯罪的办法，而其中之一就是可以在烧过的文件的灰迹中辨认出文字。过程是这样的：专家们先用特制的刀具，将成堆的纸灰一层层地分离，夹在玻璃片中。然后，逐张用紫外或红外激光照射，原来的字迹就会显露出来。在显露的同时，用摄影机拍摄下来，就可成为最有力的法律证据。据报道，用激光技术可分辨出 60 多种不同的墨水字迹。当然纸灰太碎或残缺太多，无论如何也是无法提取到可供辨认的笔迹的。

三、高灵敏度的激光气体光谱仪

上述激光显微镜和激光摄谱分析，仅适用于固体和特殊的液体，那么激光是否可以在气体分析中也有所作为呢？回答是肯定的。

比较早投入实用的，是采用可调谐的铝－硫化物激光二极管的气体分析仪。这种仪器具有灵敏度高和响应时间短的优点，适用于多种气体。曾成功地用于大气微量气体分析和工业废气的测量。但这种仪器的体积和费用问题一直没有得到很好地解决。

四、激光探测海底石油

英国石油公司宣称，由其 AB 勘探子公司研制的原型机载激光荧光传感器，可使它在发现油田的竞争中领先 5 年。这种机载装置可非常准确地指出渗到海面的任何石油。其成功的秘密是：当从海底油田逸出的带油气泡，与机载激光器发射的紫外光接触后，可辐射出荧光。这种荧光可被机上的望远镜和高效传感器（比人的眼睛敏感得多）接收。返回的光分成几种谱色，转换成电信号，送入准确定位油膜的计算机中。分析光谱可区分轻油和重油，虽然该系统不能区分自然渗油和油轮的新泄漏。但研究人员认为，在同一地区再次扫描，可以解决这一问题。原因是油轮泄漏扩散快，因此容易辨别。

这种极灵敏的传感器，原为国防应用研制，可在几百英尺高度飞行的飞机中观察到只有 20 到 50 微米厚的油膜。

五、激光穿水绘海图

和在陆地上行动需要地图一样，在海上航行就要有海图了。以往海图的绘制，开始是用舰船出海，利用带标尺的铅锤，按照一定的海域布好测量网，然后逐点放线，测出深度后，把各点相连，形成等深线，绘制成图。后来发展成为声呐探测，把探测技术又提高了一大步。但由于舰船的限制，严重影响了测绘速度。

20 世纪 80 年代后期，加拿大、澳大利亚、意大利和美国等，相继研制成功了机载激光海深探测系统。与传统的海深探测方法相比，具有速度快、价格低等优点。据测算，此系统如果每年工作 200 小时，它在一年中所采集的数据就相当于普通勘测船 13 年所采集的数据。从价格上来看，仅为舰船系统的 1/5。

该系统利用激光测距原理，所不同的是需要发射两束不同波长的激光：蓝色光激光和红外光激光。因为蓝色光激光穿透海水的能力很强，所以利用该光束穿透海水，到达海底后反射的回波来探测飞机到海底的距离。红外光激光穿透海水的能力很弱，但从海面反射的能力却很强，利用红外光激光的这一特点，即可测得飞机到海面的距离，两个距离的差值即为该点的海深。激光束的发射、接收以及距离和海深的计算，可分别由激光发射接收机和处理计算机完成。该系统专门配有导航子系统，主要根据 GPS（全球卫星定位系统）和惯性导航系统采集提供有关的飞机位置和姿态数据。系统还装有时间编码时钟，提供有关测量的同步信息和时间特征信息，以便确定测深点的经纬度和飞行姿态角。

继加拿大、澳大利亚、意大利和美国之后，瑞典萨伯仪器公司，会同瑞典国防科学研究院、海事管理局水文部，以及加拿大光学技术公司，又研制出"鹰眼"机载激光海床地图测绘系统。整个系统体积小巧，除操纵手控制台之外的全部设备，均可装在直径为 0.5 米、长为 4 米的激光发射、接收吊舱中。吊舱可放在直升机下部。在直升机内，装有电视系统，所探测出的数据信息，既可用彩色编码显示，也可随位置信息一起记录。然后根据记录的信息绘出详细的三维海图，或制定标准的海图数据。

"鹰眼"的测深精度优于已知的其他系统。试验表明，在公海测深为 35 米、沿海为 20 米时，测深精度达 0.3 米，而美国同类系统则为 0.54 米。其最大测深可达 70 米，勘测效率为每小时 60 平方千米，略低于美国同类系统。"鹰眼"具有悬浮定位搜索能力，可对某一水域进行详细勘测。这表明该系统具有明显的反潜能力。

在研制成功的机载海深勘测系统中，美国和瑞典的性能比较先进，基本反映了 90 年代机载海深勘测系统的水平。

机载海深勘测系统的主要缺点，是由于激光被海水的大量衰减和反射，造成测量深度有限，此外，还易受到海情、太阳反射杂光等其他因素的影响，尤其是在浑浊的海水中，甚至会失去作用。机载海深勘测系统的作用只是补充舰船海深探测能力的不足，而不是取代它。但其发展的意义不能低估。因为在全世界的海岸线附近，约有86%的海洋为大于10米的透明度深度；在全世界的海洋中，约有200万平方海里的深度在30米以内。勘测上述水域的10%，如用舰船勘测的话，要花几百年的时间。而用机载海深勘测系统，则仅需27年就足够了。

六、反弹琵琶光测电

在测量工作中，大都利用光电转换原理，用电流的比率来测量光的强度。我们最熟悉的就要数自动光圈（EA）照相机了，在照相机的镜头或与镜头同轴方向的部位，安装一个光敏元件（如硅光电池或光敏电阻）。光敏元件可根据光亮的强弱改变电流、电压或阻值。利用这个可变的特性所调制的电流，就可以控制光圈的变化。以前专业摄影师在野外拍摄时，常随身携带一个测光表，而这个测光表就是利用硅光电池能依据光亮的变化而输出不同的电流，来推动指针的偏转为使用者提供数据的。

自动光圈照相机

能不能反过来用光束测量电压或电流呢？这从一般的常识来讲是不可能的。但日本科学家研制出了利用激光直接测量电压的传感器，令人耳目一新。这种传感器是利用了水晶原件的普克尔斯效应。实验所采用的晶体介电常数

小，耐受电压高。传感器利用光纤传送激光，长度可达数米，使高压区域与人体之间得以可靠的绝缘，与一般电阻降压的高压测试杆相比，体积非常轻巧，而且给人以安全感。

技术的关键，还在于采取了防止发生沿晶面放电的措施。因为在高压测量时，放电将成为最严峻的问题。其对策之一是在传感器内充填了硅脂，以消除间隙。同时，传感器的结构经过精心设计，晶体的输入阻抗极小，也提高了晶体的耐压性，这种传感器直接测量的电压为 100 伏～35 千伏，在实验时曾把电压加到 36 千伏，超过电压安全测试的标准。因为在线路中，总会存在雷电等所引起浪涌电压的影响。所以，科学家们正在采取措施，以进一步提高这种传感器的耐压性能。

与日本科学家所用的方式不同，美国 3M 公司和国家技术研究所，自 1990 年 2 月，联合开发了一种旨在商品化的高压测量的光纤传感器。这种传感器采用一种盘绕"退火"的偏振光纤，利用磁致光偏振面的变化来测量电压。光纤传感器具有体积小、不受电磁干扰、无燃烧和爆炸的危险等特点，其价格也比传统技术低得多，所以首先提出购买意向的是海军。他们迫切需要一种用于监视舰艇上的重要发电系统的新技术，因为舰艇，特别是潜艇的轮机舱空间狭小，极易失去监控而造成灾难。3M 公司已开始使用原型仪器进行测试，目标是要达到 345 千伏的测量电压。据说宇航局对这种光纤测量传感器也产生了兴趣，因为航空和航天也急需这种传感器。

并不是说这种激光光纤晶体传感器，就一定会代替传统的测试方法，只是要证明人们要解放思想，不要受传统观念的束缚。看起来似乎是不可能的事情，却往往会被人们的聪明才智所战胜。

知识点

全球定位系统

GPS 是英文 Global Positioning System（全球定位系统）的简称，而其中文简称为"球位系"。GPS 是 20 世纪 70 年代由美国陆海空三军联合研制的新一代空间卫星导航定位系统。其主要目的是为陆、海、空三大领域提供实时、全天候和全球性的导航服务，并用于情报收集、核爆监测和应急通信等一些军事目的，经过二十余年的研究实验，耗资 300 亿美元，到 1994 年 3 月，全球覆盖率高达 98% 的 24 颗 GPS 卫星星座已布设完成。

延伸阅读

海图的分类

海图通常分为普通海图、专用海图两大类：

（1）普通海图，包括海区地势图、海洋地形图等，是近年发展较快的一类海图。

（2）专用海图，包括军事辖区图、潜艇用图、快艇用图等。航海图属于专用海图，但由于它历来是海图的主要品种，且使用比较广泛，世界各国习惯上均将其列为单独一类。

激光在生物中的应用

　　激光的产生，已对科学技术的各个领域产生了巨大的影响，生命科学领域也不例外。激光在生命科学领域中已深入应用于细胞学、分子生物学、光合作用、遗传学、生物化学、生物物理学和生态学等各个学科。从而把光和生命科学的联系推进到一个新的阶段。

一、精密的激光微细加工系统

　　以细胞工程和基因工程为中心的生物工程技术领域，将一个一个生物体细胞加工或加以操作是最基本的要求。以往主要使用手工操作玻璃微量吸管，需要熟练的操作技术，并存在成功率低和缺乏再现性等问题。

　　通过运用激光所具有的优良特性，进行激光的生物体计测、诊断和控制技术的开发研究，可能实现前所未有的全新细胞操作法。包括激光俘获法和激光精密微加减法两大类。将这两种技术组合，就能对细胞进行俘获、转移、回转、切断、穿孔、移入、移植、融合等操作，可以实现细胞的非接触、安全的远距离控制。

　　激光部分。激光常被用作计测生物体的手段，所使用的激光照射强度应充分低，对生物体不能有丝毫损害，若照射强度增大，会对生物体造成生命障碍。其主要原因是生物体分子和组织会吸收激光，而产生热、压力和光化反应等，由此造成生物体组织发生切开和蒸发。由于是以物体为加工对象，故必须将照射的激光束聚焦到远远小于细胞自身的大小，其照射部位也必须进行精密控制。

　　图像处理部分。待加工的生物体细胞的显微镜像由CCD（固体光电耦合阵列）摄像机摄录，并由电视监控器映出，也可送入图像处理机进行处理。细胞图像边用电视监控器监视，边指定照射激光的位置以及观察相互作用的实况。

位置控制部分。必须用精密的导光技术，才能将照射的激光束正确引导到细胞部位。因激光照射的对象是生物体细胞，所以使用光学显微镜作为该系统的基本光学系统，激光由显微镜内的分色镜向下反射，通过物镜照射试样细胞。控制聚焦激光的位置，有调节试样（移物）和调节激光本身（移光）两种方法。一般来说，为使透镜的像差控制在最小限度，并使聚焦激光经常保持恒定状态，以采用移动试样的方法较好。一种压电元件的步进式微型电动机，为显微镜载物台做二维移动提供了可靠的保证。这种微型电动机以步进方式移动。1 步大约 4 纳米，大体能连续平滑移动，行程为 25 毫米，具有优良的位置分辨率和宽范围的动作距离，移动精度在 1 纳米以内。

激光图像处理以及位置控制均可以由一台微型计算机控制。实验者能方便地实施所需的精密细胞加工的手术。

二、遗传物质巧"嫁接"

在历史的长河中，生物进化的过程是非常缓慢的，有的物种几千万年也没有什么变化。但在一定因素的作用下，则可能由于在遗传过程中发生"突变"，而产生新的物种。所以人们早就梦想着有一天能够控制遗传基因，将基因物质直接转移到细胞内，这种更深层次的"杂交"方法，对遗传工程的发展无疑是非常有价值的。这种非常尖端的技术，可以完全摆脱有性生殖过程和种属的限制，实现遗传物质的交换，从而为人类创造和培养有用的动物、植物和微生物新品种，以及为治疗人类遗传疾病，提供了前所未有的有效手段。

激光打孔法，是将激光聚焦成微米级或亚微米级的微小光点，照射在细胞上，在细胞上打开一个小孔。这个小孔能在一秒钟内自动封闭。生物学家将细胞浸在含有基因物质的培养基里，然后用激光束瞄准细胞，在细胞上开小孔，基因物质通过小孔流入细胞内，完成基因的直接转移。然后小孔自动封闭，恢复原状，成为一个携带新基因的细胞。这样就完成了遗传物质的"嫁接"过程。日本三宝乐啤酒公司和日立制作所，利用这种技术，已成功地把外来基因注入大麦有细胞壁的细胞中。他们用激光同时在细胞壁、细胞膜和核膜上打孔，培养液中的基因从这个孔注入细胞。用此法注入基因，几万个细胞在30～40分钟内就被处理完毕。

三、激光镊子"捉"细菌

在生活中，人们常用金属、塑料或竹子制作的镊子，夹取手指不易拿住的微小物品，但要想夹取像细菌那样小的微生物是根本办不到的。

美国新泽西州的贝尔实验室，研制成功了一种被称做"激光捕捉器"的十分新奇的激光装置。这种装置能够捕捉、操纵像细菌、病毒这样小的微生物，而又不致伤害它们。这种装置的作用就像镊子一样，所以人们又叫它为"激光镊子"。这种装置的研制成功，给微生物学家们提供了对指定的单个活体微生物，进行一系列实验的必要条件。

"激光镊子"的原理很简单。在日常生活中，带电物体能够吸住轻的不带电的物体，如纸屑、灰尘等，这些现象大家都是很熟悉的。这是因为不带电的物体，在电场中被极化，处于非均匀电场中的被极化物体，受到电场力的作用，而移向电场强度高的地方。但平时我们所能掌握的电场是有一定的空间占位的，所以远不能达到捉住一个细菌的要求，而是"吸"了"大堆"。

早在1979年人们就提出了利用激光束来捕获中性原子的设想。1985年实现了用激光束来俘获悬浮于空气或液体中的微粒。经过科学家们不懈的努力，终于实现了用激光俘获原生动物、酵母菌的梦想。

光也是一种电磁场。激光束的光强呈高斯分布，即光束中心强度最高，向外逐渐减弱。聚焦的激光束中，在光轴方向上，离焦点越近，光强越强，也就是说电场越强。一旦小的微生物落入激光束中，就会受到激光束的作用力，而被推向光束最亮的区域。激光束的焦点处，就像旋涡的中心一样，使它们无法逃出。因此可以把这些微生物"捏"住，并可以予以控制和移动。

可能存在的问题是，在"捏"住细菌等活体微生物的同时，也许会使它们受到损伤。这项技术的一个关键，就是要选择合适的激光波长和功率。例如利用近红外的波长和5～80毫瓦功率的掺钕钇铝石榴石激光器，可以对大肠杆菌和酵母菌进行无损伤俘获，并可以将其悬浮在激光"陷阱"中，观察其分裂繁殖过程的细节。

四、纤纤光手"焊"细胞

有一种在细胞水平上的遗传工程，就是细胞融合技术。细胞融合，是指两个或多个细胞融合在一起，形成复合细胞，以实现工程杂交。通俗地讲，就如同金属的焊接一样，把细胞"焊"接起来。关于细胞融合，人们一直采用的是使用聚乙二醇等物品的化学方法和附加高压电脉冲的物理方法。但这两种方法只能在短时间内处理大量细胞，无法在任意期望的细胞间进行有选择的融合。而利用激光技术则可以实现这种期望。

细胞激光融合原理，是用高强度、短脉冲的激光束，在极为精确的引导下，同时照射两个或两个以上的某种生物细胞，使细胞的原生质体膜受到损伤，使之和相邻的细胞原生质体膜融合在一起。

细胞融合技术可以用于不同组织或不同大小的原生质体之间，形成杂交细胞，由此可以达到改造生物特性和生物物种的目的，对于在相对较短的时间内创造和培养新物种有着极其重要的意义。

五、染色体上动手术

每种生物都有一定数目的染色体，每条染色体上都有排列顺序一定的基因。基因是生物遗传的密码，任何染色体数目的变化和染色体上基因排列次序的变化都会引起生物遗传性的变异。在人类的疾病中，有不少是和遗传基因有关的，对这类疾病的研究，已经发现某些遗传疾病基因所在的染色体区域。如果能够将这一区域的染色体切除，移植上正常的染色体片段，就可以达到治疗遗传疾病的目的。

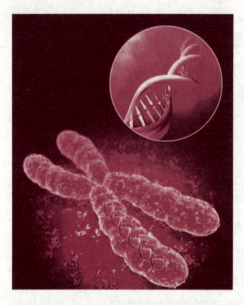

染色体

原来人们已经考虑到这一点，但苦于缺乏精细的"镊子"和"手术刀"。采用激光技术，从理论上来讲是不成任何问题的。目前科学家们已经进行了激光染色体"手术"的尝试，用激光束切割染色体的特定区域，使染色体的某些区域分离出来，不参与遗传表达。激光染色体"手术"还可以用来分离在动物、植物遗传育种中有益或有经济价值的基因，为改良生物品种找到了一种捷径。如果把激光切割染色体和细胞培养等生物技术相结合，则有可能为基因定位、基因分离、遗传密码的重新组合开拓一个新的领域，为人类最终控制生物的遗传、变异过程创造条件。

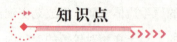

知识点

染色体

染色体是细胞内具有遗传性质的物体，易被碱性染料染成深色，所以叫染色体（染色质）；其本质是脱氧核甘酸，是细胞核内由核蛋白组成、能用碱性染料染色、有结构的线状体，是遗传物质基因的载体。

延伸阅读

人类的首例无性生殖激光手术

据外媒报道，西班牙的生物遗传学家卢克博士已经52岁了，但膝下无子。为了解决这一问题，他与太太合作，进行了一次大胆的尝试。

卢克博士采用一种特殊的激光刀，将太太玛丽娅子宫内的一个卵细胞的染色体串分开，让卵细胞自己繁殖，就如同她自己受孕一样。玛丽娅怀孕了9个月，已顺利地生下了一个活泼可爱的小女儿，取名叫伊莎贝拉。

意大利的一位专家杰诺福图内特说，卢克博士成功地运用激光和无性生殖技术，复制了他的太太，因为这孩子体内所有的染色体与母亲都是一样的。从单纯技术的观点上来讲，伊莎贝拉是玛丽娅的妹妹，而不是她的女儿。

儿科专家发现，伊莎贝拉的成长过程与母亲一样。他们将玛丽娅小时候的医疗记录与伊莎贝拉作了比较，连她们的 X 光片也一样。女儿完全沿着母亲的脚印成长，两人在同一个年龄开始说话和走路。医生们预计，伊莎贝拉甚至可能与玛丽娅在同一个年龄出麻疹和水痘。

这例天方夜谭式的手术和结果，离开了激光技术显然是不可能实现的。

激光在医学中的应用

激光在医学上的应用最早使用在外科，因为激光给人们的第一印象就是锋利无比。激光外科的先驱者使用光束，是看中了它能产生高热。直至现在，大多数激光外科手术仍是利用这种热。激光成了良好的手术刀，还在于它极有选择性并能精确控制。因为可以通过光学系统，把激光束聚成小于 1 微米的光

斑，远胜过一般的锋刃。激光刀是光导纤维和内窥镜技术的发展，扩大了"刀"的概念。因为它可以使医生们探入器官内部动手术，而不损伤外部。

一、不流血、巧缝合祛疤

现在，激光刀改变了人们认为外科手术开刀就一定得流血的观念。所谓激光刀，就是利用激光束对人体组织作切除、凝固、止血、汽化等手术的一种新型医疗仪器。它通过激光器辐射一种波长很容易被人体组织吸收的激光束，在人体组织吸收的过程中，将光能转化为热能，以破坏病态组织，达到治疗疾病的目的。

人体的各个部位对激光的吸收程度是不同的，而不同波长、不同功率激光对人体的某个部位的作用也不相同。所以采用不同振荡频率的激光器，获得不同波长的激光，制成各种激光刀，就可以有选择性地对人体组织产生不同的影响，达到不同的治疗目的。目前常用的激光刀有以下几种：

二氧化碳激光手术刀。这种激光器能辐射波长为 10.6 微米的激光束。这种波长的激光几乎全部能被人体组织中的水所吸收。激光被人体组织表层吸收后，光能迅速转换为热能，使表层组织中的水顿时沸腾起来，被蒸发汽化。伴随着散发的缕缕白烟，患病的组织被脱水、汽化、凝固。因此用这种激光刀切除患病组织不会流血。二氧化碳激光辐射穿入组织仅 0.5～1 毫米深，在切口侧面形成较窄的热灼区，因此作为"光刀"，它可用于外科的许多方面。

掺钕钇铝石榴石激光手术刀。这种激光器的辐射波长为 1.064 微米。人体组织中的水对这种波长的吸收能力比较弱，用它作为切除组织的手术刀，效果要比二氧化碳激光器略差一点。但这种波长的激光束穿透能力较强，能深深地渗透到组织内部，使其中的蛋白质凝固，达到治病目的。与二氧化碳激光束不同的另一方面，是它可以顺利地通过光纤传输，利用内窥镜技术对人体内部不易到达的部位（如胸腔、腹腔等）加热和止血。

氩离子激光手术刀。氩离子激光器的辐射波长为 0.488～0.515 微米，几乎不能被人体组织中的水所吸收，但它能被血液中的血红蛋白吸收，使血管中的血因此而被凝固，因此有很好的止血作用。

组合式激光手术刀。近年来，出现了一些"组合式激光手术刀"。这种手术刀由两种激光同轴工作，经反射镜和聚焦作用到人体组织上。血液丰富的器官（如肝、脾）可用此法。其特点是一边止血凝固，一边开刀切割，所以出血极少，时间又快。

一氧化碳激光器和掺钕钇铝石榴石激光器所辐射的红外激光，常常是看不见的，这给切除内脏等要求精确度较高的手术带来了困难。为了解决这个问题，在早期的国产激光手术器中，与二氧化碳激光器并排安装了一台能发出鲜红的可见光激光束的氦氖激光器。两台激光器同步工作，由光学系统将两束激光引导在同轴的光路上，这样就能按一束鲜艳的红光束的指示进行手术了。为了降低成本、减小体积、节省能源，在二氧化碳激光手术器械中，普遍采用了激光二极管作为引导光束，效果与采用氦氖激光器的差不多，很值得我国技术人员借鉴。

目前二氧化碳激光手术刀的光路中，装有光学反射镜的接头若干个，以便可以有较大的自由度，但这种接头一多，就会带来操作上的不便。所以，已开始研制特殊的光纤材料，以期将可挠性较好的光纤引用到二氧化碳激光刀中，以代替笨重的光学接头。而在掺钕钇铝石榴石激光刀中，则用石英光纤就可以作为可挠性好的导光光路，配合内窥镜，将激光引向体内。

二极管激光手术刀。采用半导体二极管的激光器，功率一般都比较小，只能适用于通信、音响、监控等领域，而直接用于切割的产品极为罕见。但英国推出的 Diomed 型二极管手术系统则打破了这一传统观念。据称是世界上第一台应用于外科手术的二极管激光器，波长为 805 纳米，能使用单模光纤，输出 30~35 瓦的功率。已能应用于任何接触或非接触的外科手术。其有强大的市场竞争力的因素有三个，一是采用了二极管激光器，降低了投资费用；二是较之其他激光器而言，二极管激光系统寿命长，而且免于维护；三是整个系统结构紧凑、尺寸小、携带方便，可在临床应用中随意移动。

作完手术后，医生需用肠线或丝线将切口缝合，但在断肢再植和脑外科手术中，对于较细的血管的吻合就成了一件令医生十分头痛的事情。因为缝合针和缝合线的直径、操作夹持的器具、观察的手段都有一定的极限。所以只能吻合有限的血管，以沟通主要的回路，而数量众多的微细血管只能忍痛放弃功能。而手术的成败与接通血管的数目是成正比例的关系的，脑部的精细手术更是如此。能不能像焊接金属那样来焊接血管呢？为此科学家们进行了不懈的努力。1985 年，终于取得了第一例对慢性肾功能衰竭的患者进行左前臂动静脉的激光吻合成功手术。从此，激光吻合血管由试验进入临床。目前在美国、日本的血管激光吻合不但广泛应用于临床，而且水平也都比较高。他们采用氩离子激光器对动脉和静脉血管进行切开和融合，大都取得了成功。试验数据表明，动脉与静脉相比，它有较厚的血管壁、搏动式的血液流动、较大的管壁张力，系统的动脉压和动脉固有的收缩性，都给"焊接"带来了一定的困难。而静脉血管和细微的动脉血管用激光焊接则显得又快又准。对于较大的血管，一般先用缝线作四点或三点缝合，然后施以激光吻合手术。有时采用两点，甚至一点缝合，也能取得良好的效果。

外科的护士在换药时，对揭除伤口的敷料时所遇到的麻烦深有体会。因为纱布往往和创面的疮疤结在一起，很难清除。有时还会因为操作不慎而引起患者的疼痛和大出血。现在有的医院已采用激光蒸散法，将紧贴伤口的敷料同疮疤一同汽化掉，在施术的同时也给创面消了毒。由于激光作用的深度只有 0.5 毫米左右，所以有较大的可选择性，而不会伤及下面含水量较多的创面。

重度烧伤病人在移植皮肤前必须除去疤痕，这时也可用激光进行蒸散。日本有人用数种激光器对兔子的烧伤作激光蒸散试验，发现采用氢氟激光器效果最佳。

二、神采奕奕整容术

随着科技的发展、社会的进步、人们生活水平的提高，人们对自己的容貌有了新的要求。而相貌有缺陷的人在社交活动中常因此而造成自卑的心理，为了解除他们的这种心理负担，这就需要求助于整形外科。而激光整形外科则为他们带来了福音。激光整形外科除恢复肌体功能外，更重要的还有改善形态的任务。它的对象是先天或后天组织和器官的缺损与畸形，皮肤软组织、肌肉、骨骼等创伤和某些疾病的后遗症。

在整形外科中，术后出血和形成血肿是整形手术的重要障碍，有时即便是细微的出血也会影响手术的成败。用激光作整形手术可以封闭小血管，使手术区达到几乎完全无血的状态；医生可以根据不同区域皮肤的厚度与应去除病损的深度而掌握激光剂量，可有效地防止术后遗留瘢痕。激光在切割或汽化创口的同时可以消灭细菌，不致伤口感染，伤口愈合很快。

激光整容的适应范围很广，但可以分为激光切割和激光汽化两大类。适应作激光切割手术的大都为位置较深的病变和深部整形手术，如皮肤良恶性肿瘤、重睑成形术和腹部脂肪切除等。激光汽化适用于治疗表浅的皮肤病损和作美容手术。如雀斑、黄褐斑、皱纹、各种瘢痕、色素痣、舌系带过短等。以激光除痣为例，医生把激光聚焦后的光束对准病灶只需一两分钟，有痣部分便在高能量下被汽化。手术完毕之后不需特殊处理，医生只是在伤口涂点药膏，并会嘱咐在一个星期内不要让伤口沾水。大约一周后，疤结脱落，色痣就完全被割掉了。我国同济大学附属医院，十多年来，用二氧化碳激光治疗了三百多名面部色素痣患者，均获得了满意的效果，其中有 279 人连一点儿痕迹都没留下来。用传统的手术无法处理的美容手术也可以考虑选用激光。如对皮肤异常色调的处理，传统的方法是无能为力的。但色素斑、血管瘤、移植皮肤变色、瘢痕等皮肤色调异常的患者特别多，这往往会成为患者的最大苦恼。而铜蒸气和染料等激光器对变色的皮肤比正常的皮肤有较强的作用，可以在不损伤皮肤的功能和形态的情况下，只去掉色调异常的部分。美国坎德拉激光公司宣称，他们制成了一种新型激光器，可消除良性着色病变，并强调这是同类产品中第一个通过了联邦食品药物管理局苛刻的考评而获得了许可证书。这种仪器首先得到了高加索人的欢迎，因为他们有 70% 的人有雀斑和老年斑。据负责临床审查者介绍，其平均治愈率为 85%～90%。

三、难言之隐一"光"驱

有些疾病往往因其特殊的原因而成为某些人的难言之隐，这比普通可诉症状的疾病更为折磨患者。

一位阴茎癌患者，因肿瘤已沿阴茎长满一圈，不得不到山东省肿瘤防治研究所准备手术。

按照常规的方法治疗，像这种患者就得作全切手术，其后果可想而知。经该所吴思恩主任仔细检查后，认为采用激光治疗比较好，因为患部血管、淋巴比较丰富，常规手术无法保证止血和防止癌细胞随淋巴扩散。而激光手术刀恰恰在切割分离的同时，就将血管和淋巴封闭。令医生和患者双方都很兴奋的是，患者术后两个月就恢复了如同正常人一般的排尿和性功能，此病例已在激光医学分科分会第五次学术会议上作了报道。

"十人九痔"，是对痔疮患者之多的形容。而在浙江省萧山城东激光医院里，用激光治疗痔疮的手术只能算是个"小儿科"，一位记者当场观看了医生用二氧化碳激光器，为一位老者作痔疮治疗的手术，手术前后不到两分钟就顺利结束了。医生告诉记者，这位病人是在他儿子治好以后，才放心地到这里接受激光治疗的。

一些青年男女，因为腋臭，常常会引起不少麻烦。有位姑娘模样挺俊俏，只是因为腋臭，找了几个男朋友都告吹，在工厂住集体宿舍都不受欢迎，甚至到食堂吃饭都没人愿意和她坐一张桌子。她买了一种广告上说得很好的化妆品，抹了以后味道更怪。姑娘为此几乎失去了生活的信心，她作了激光治疗后，症状全部消失。后来喜结良缘。现在出于各种原因到医院施行人工流产的妇女为数较多。但人工流产手术需事先进行宫颈扩张，使受术者非常痛苦。西安某医院采用激光有选择地照射有关穴位，起到止痛麻醉作用，帮助流产者的子宫颈自然松弛张开，手术在几分钟内一次完成，对人体无伤害，无不良反应，无痛，很受患者的欢迎。

病毒性皮肤病不仅易传染，还会给病人带来非常沉重的精神负担。有的影响面容，有的疼痛难忍。这些病毒性皮肤病用传统的方法治疗，要么是久治不愈，要么是很难断根，采用激光治疗疗效就非常好。因为激光除了"光到病除"的烧蚀汽化外，还同生物体相互作用，而产生种种生物效应，使局部血管扩张、改善血液循环，增强局部的免疫力。

四、眼科治疗新武器

眼睛是人体不可缺少的重要器官，80%的信息、95%以上的工作都要靠眼睛来获取或协助人们才能完成。没有眼睛，世界就是一片黑暗。眼睛又是精密、娇嫩的组织，很容易受到伤害。所以眼睛就成为了人们重点保护的对象，是人的"第二生命"。由于眼睛所处的重要地位，激光刚出现就应用于眼科也就不足为奇了。

人类的眼球本身就是一个光学系统，能透过光线，所以特别适合用激光治疗。眼科激光治疗的特点是病人不需住院开刀，不用手术麻醉切开眼球，比常规的电凝、冷冻等手术要优越得多；而且治疗时间短，无痛苦，无不良反应，疗效喜人。

气体眼科治疗机——氩离子眼科治疗机。这种激光眼科治疗机中激光的主要波长是488～515纳米，呈蓝绿色，易被眼底血管中的含氧血红蛋白和视网膜色素层吸收，所以被医生们选中用来治疗眼底视网膜等组织的疾病，即眼底组织直接吸收激光辐射能而转换成热能，产生光凝固效应或者汽化，破坏掉有害组织。

治疗时，激光器与眼科裂隙灯显微镜组合。激光束经光学系统耦合照射到病灶上，裂隙灯集中照明强光（狭缝裂隙光）对眼睛产生光学切面，经眼睛光学系统清楚地照明目标。通过双目显微镜观察，目标（病灶）部位清晰而富有立体感，增加了检查和治疗的精确性。

在临床上，用氩激光束封闭视网膜裂孔治疗糖尿病性眼底出血，以及清除眼底血管瘤等非常有效。

固体激光眼科治疗机，掺钕钇铝石榴石（YAG）眼科治疗机。其激光波长为 1.06 微米的红外光。把激光的短脉冲经调 Q（即调节激光器谐振腔内的损耗，来建立振荡，以获得强激光脉冲）提高峰值后，聚焦成高功率密度，用以击穿虹膜、切开囊膜等中间介质，是一种机械爆炸的"冷"效应，用于治疗眼球前部疾病。如膜性白内障、青光眼虹膜打孔、晶体后发障等疾病，这些病是用氩激光无法治疗的。因 1.06 微米波长为不可见光，所以需用波长为 633 纳米的氦氖激光，或与半导体二极管激光与其同轴工作，以精确地指示和引导操作。治疗时的氦氖激光束光斑聚焦到 10 微米，单脉冲能量大于 8 毫焦耳。

液体激光眼科治疗机——染料激光眼科治疗机。采用若丹明 6G 染料作为激光器的工作物质，激光波长为 520～610 纳米，中心波长为 590 纳米。输出能量为 0～120 毫焦耳。激光脉冲的峰值和脉宽，以及波长和功率在上述范围内均可调，所以其显著的特点是兼有上述气体、固体激光眼科治疗机的功能。这种染料激光治疗机也需要有同轴工作的可见光做指示引导光。

新型激光眼科治疗机，激光波长为 511～578 纳米的卤化铜激光眼科治疗机，和激光波长为 520 钠米的倍频钇铝石榴石激光治疗机，因可以治疗眼底视网膜等病变，已大有取代氢离子激光眼科治疗机的趋势。随着准分子激光器从实验室走向实用，目前已经制成了波长为 193 纳米紫外光的氟化氪准分子激光眼科治疗机。波长为 2.94 微米的掺钕钇铝石榴石激光眼科治疗机也已经问世。

五、矫正视力，治疗青光眼

目前近视的人越来越多。对于近视者来说，戴眼镜有时有碍美观，或影响某些运动性工作，而流行的隐形眼镜不但戴起来很麻烦，而且还存在导致炎症发生的危险性。既然人的眼睛如同照相机一样，可以调节成像的焦距，那么为什么不能像照相机镜头一样，用旋转螺纹的方法来调节呢？这从理论上来讲是成立的，并且很早以前就有人设想过，但只是缺乏调整"螺纹"的"扳手"——精密的眼科手术器械。

随着激光技术的发展，这种设想又被提起，并已经在动物试验和临床上获得成功。这意味着产生了一种新的可替代眼镜的矫正视力的技术。

1983 年哥伦比亚大学的研究人员证明，可以用直接打断分子键的方法逐步去除眼角膜组织。1988 年国际商用机器公司沃森研究中心首次证明，用准分子激光进行的角膜烧蚀非常精确，可达纳米级，对四周组织损伤极小。这是因为准分子激光器是通过破坏两个分子之间的化学键来冷"切削"的。动物试验表明，在显微技术的配合下，采用这种技术甚至可以按度数来校正眼睛的屈光位，简直是妙极了。

为了更精确地控制角膜切开的位置和深度，有日本科学家推出了采用带激光扫描系统的准分子激光角膜切开法。其特点是用氦氖激光扫描角膜表面，测出形状后，用准分子激光切除，因此提高了角膜手术的正确性和安全性。

在此之前的 1988 年 9 月，苏联科学家已经研制出一种全自动的激光眼科治疗机，采用热蒸发的方法实施了手术，此种手术在苏联做了 80 例，在德国做了 10 例，据称都获得了成功。

青光眼，是中老年人易患的疾病，其临床症状是眼球的压力增高。如不及时治疗，则往往导致失明。传统的治疗就是手术切开减压。

美国采用了两项用激光治疗青光眼的技术：

一项是森赖西技术公司的青光眼的激光治疗手术，手术时，医生向结膜皮层插入一根针，用石英光纤把激光输送到巩膜。通过控制，使发射的激光同光纤的方向成直角，在巩膜上烧出直径为 0.2 ~ 0.3 毫米的小孔。让一种药剂流到结膜和巩膜之间的腔体内，以保持合适的眼压。这种激光器的输出波长为 2.10 微米，每个脉冲的能量为 0.1 焦耳。

另一项是阿波利斯的位沙格公司采用的钇铝石榴石激光器，用来进行小柱热整形。这是一种减小无约束型青光眼病人眼内压力的手术。

六、心脏、血管的修理新法

在医疗技术不断提高的今天，心血管疾病已成为人类仅次于癌症的第二杀手。所以，激光医疗的发展，除了在外科手术、眼科手术和肿瘤治疗外，下一个目标便是人体的心脏和血管系统。就美国而言，有成千上万的心脏病患者，每年的治疗费用都超过了 100 亿美元。所以，其激光医疗在心血管系统的应用前景和市场都很大。

1. 生色基因示踪法

国外一家高技术公司采用了这种比较特殊的技术，适用于动脉硬化的症状。它是把单元性扰体，通过生色基因示踪，附着在硬化斑块段，用以有效地吸收激光能量，然后用光纤沿血管将能量传输到斑块上。这样就可以有选择地破坏斑块，而不影响四周的动脉壁组织。

2. 激光/气球综合法

这一技术是首先采用钇铝石榴石激光束，作硬化斑块的软化，然后用气球膨胀的压力把斑块挤向血管壁。在 20 秒的时间内，辐照 3～4 次，每次激光剂量为 380～450 毫焦耳。此法能使动脉壁光滑，降低了血管再变窄的可能性。有一家公司还把血管内窥镜、CCD 摄像机和脉冲染料激光器组合成一台染料激光血管成形系统。其导管喷嘴的定位通过计算机和机动装置控制。激光波长为 480 纳米，产生 200 毫焦耳的能量。治疗时首先使气球膨胀堵住血流，然后用激光直接烧蚀。它的短脉冲烧蚀硬化斑块对动脉壁并无影响。

3. 激光导管法

这种技术使用一种适用于人体的激光导管，把掺钕钇铝石榴石激光束，通过激光导管传输到光纤头上的蓝宝石激光嘴。首先在腿动脉完全堵塞的硬化斑块上用激光打开一个 2～3 毫米的通道，再插入一根气球导管，气球膨胀将剩余的斑块压向动脉壁，从而疏通全堵的腿动脉。据报道，采用这项技术的关键是控制激光导管嘴的温度。因为如果温度不当，会引起冠状动脉痉挛和血栓形成。

4. 激光组织识别综合法

1989 年 3 月，在美国心脏学院年会上，与会者参观了一家公司推出的"灵巧"激光系统。这是一种新颖的高科技血管成形术。它把激光技术与组织识别技术相结合，涉及光谱学、超声波、医学染料、核磁共振等高精技术。

治疗时通过单元性抗体，把染料选择性地附着在硬化斑块上，基于核磁共振成像系统，用小磁线圈对斑块进行体内生物分析，并依靠低亮度激光束的光谱分析获得斑块位置，利用其反馈信号，导引治疗激光束到病变组织上。该系统是双激光束，采用微机控制的硬化斑块探测/瞄准作为反馈机制，以防止血管穿孔。有两个传输导管在工作，一个是单根柔软光纤，用于全堵塞动脉的再通功能；另一根是多束光纤导管，用于疏松全堵塞或局部堵塞。

5. 心肌打孔贯通法

此法适用于因冠状动脉狭小，而造成冠状动脉不能回路的患者，原理非常简单，用高功率激光在心肌上直接打孔贯通。由于适应症局限性较大，所以应用范围不很广。

需提醒人们注意的是，用激光消除动脉粥样硬化时常见的钙化物并不成功。有人研究发现，这种物体是导致纤维束偏向而刺穿血管事故的罪魁祸首。

七、攻克癌症，修复牙齿

攻克被称为人类"第一杀手"的癌症，已成为现代科学界的当务之急。为此，无数科学家采用当代最先进的科学技术进行探索，但只是有所进展而已。激光的医学应用，使攻克癌症这一浩荡的队伍中，又增加了一支朝气蓬勃的新军。

1. 激光光动力学治癌

光动力学的英文名称为 Photodynamic Therapy，缩写为 PDT，所以，又把采用光动力学原理治疗癌症的方法称之为 PDT 疗法。光动力学是指研究在敏化剂的参与下，通过光的作用，使肌体细胞致伤或坏死的一门学问。由于上述的这种光敏化作用有氧分子参加，所以在生物学和医学上称这种作用为光动力学作用。

在 20 世纪 60 年代初，就有人用血卟啉做原料，制出了被称为血卟啉衍生物的药物，人体静脉注射后，可被癌组织选择吸收，并滞留较长的时间。用汞灯等紫外光照射，癌细胞便发出较强的黄光。而正常组织或良性肿瘤荧光很暗，或根本不发荧光。用这种方法诊断癌症效果很好。

在血卟啉衍生物注射后的滞留期，如 24 个小时后，即用激光照射癌变部位，储留于癌细胞里的血卟啉衍生物受光激发，会产生一种仅存在万分之一秒的单态氧，这是一种有高细胞毒作用的高能氧，可立即破坏癌细胞，以便使癌瘤坏死。

由于肿瘤组织与血卟啉衍生物的亲和力比正常组织强，注射后48小时左右，正常组织中的血卟啉衍生物经新陈代谢，大部分已排到体外，所剩无几，而肿瘤内仍储留相当浓度的血卟啉衍生物，与正常组织相比具有显著差异。使用激光照射后，就可以有选择性地杀灭肿瘤而使正常组织不受损伤。

随着激光和光纤技术的发展，这种以前只能用于人体浅表位置的治癌方法又有了新的突破，因为与激光器联结的光纤，可以通过针管将激光导入癌内组织直接照射，效果很好。

光动力学治疗癌症的研究已经很久，但其成果未得到广泛应用。一是激光器稳定性未过关；二是光敏剂的研制尚未取得最后的结果。

至于不良反应，只是在使用光敏剂后的2~3个月内，皮肤可能产生红疹等光敏作用，治疗后要有一段时间注意避光。但与一般的放射疗法和化学疗法相比，这种不良反应简直是微不足道的。我国的光敏治癌虽然起步较晚，但发展迅速，无论是光敏药物、激光器操作、临床实践等均处于世界前列。由浙江大学物理系负责，与浙江省医疗器械研究所联合研制，经浙江大学机电设备厂开发生产的铜激光泵浦染料激光器，用于光敏治癌的病例数已远远超过世界其他国家的总和。

2. 颜面肿瘤的"克星"

一般来说，生长在口周、鼻部、脸缘等特殊部位的肿瘤用手术、注射、冷冻、同位素放疗等方法都有一定的局限性，而激光治疗就成为较好的选择。

在用激光切除面部肿瘤之前，受照射部位须进行常规消毒、局部麻醉及必要的镇静药物，所以治疗时患者不会有疼痛感觉，口面部小的血管瘤、皮肤增生物、脸黄瘤以及化脓性肉芽肿，都能一次激光切除治愈，不留明显痕迹。大的血管瘤可分几次治疗，这有利于确定激光切除的范围，判断血管瘤的治愈情况及容貌的恢复。颜面部皮肤的恶性肿瘤最好能一次切除，通过激光束击中淋巴管和血管，使其收缩、封闭，从而可防止手术中恶性肿瘤细胞的扩散。激光治疗颜面肿瘤出血少，治疗时间短，感染机会少，遗留疤痕小甚至不留痕迹，

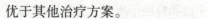

优于其他治疗方案。

3. 癌症侦察有"尖兵"

癌症之所以有极高的死亡率，固然其中的因素很多，但发现为时太晚则是主要原因。采用激光技术来探测早期癌变，就可能拯救成千上万人的生命。

极快的激光光脉冲，可以用于探测完全可以治愈的胸腔内微小肿瘤。英美研究人员采用这种激光透视方法旨在发现直径小于 1 毫米的肿瘤。这样小的肿瘤用传统的 X 射线或超声波成像是无法测出的。

纽约城市大学超快光谱和激光研究所的一个小组，计划通过以激光脉冲透过组织照射，以寻找腔内肿瘤。他们的方法是只观察直接穿过的光子，而忽略被组织散射、因而较长时间后才出现的光子。这些光子利用开启时间为几皮秒的克尔光闸从图像中排除。他们用绿色激光脉冲透过组织照射 8 皮秒后，拍摄了一幅藏在试验组织后的黑白条纹图像。用这种方式可以拍出相当清楚的测试物的图像。

据伦敦大学医院的一位教授说，该技术具有精确显示肿瘤发展到何种程度的潜力。当人体中的肿瘤达到一定尺寸时，就开始侵入其血管。用多种激光波长透射，就能显示肿瘤周围新血管的情况，由此就可以看出肿瘤发展的速度。

在日本，一种被称之为"光 CT"法的研究十分活跃，因为它既安全，又能得到用 X 射线和核磁共振检察发现不了的生理、生物化学信息。与英美方法的区别是，日本所采用的是用光外差检测法获取光信号，通过计算机技术合成分光断层图像。目前，日本已提供了含有骨头的鸟的"光 CT"计算机断层图像。

然而"光 CT"的功能远非如此。日本岛津制作所与大阪大学蛋白质研究所合作，用"光 CT"，竟然拍摄到了世界上第一张机体内氧浓度分布的断层像。

他们使用以半导体激光作为光源的样机，将适当波长的近红外光，照射一只被麻醉过的老鼠，依据血液和细胞中的蛋白质有无氧的存在，将光的吸收变化情况经计算机处理后，合成为精确的断层图像。

4. 友好地切开牙龈

牙龈由于血管丰富，而且没有角质层，显得十分娇嫩，所以极易受到伤

害。在用传统的手术器械，如刀、剪等，作牙齿和口腔手术时，往往会引起难以止住的出血。

在这一方面，使用激光可谓是恰到好处。用激光刀作牙龈手术时，激光的高温在把血管切断的同时，就已经将断面封闭，把出血控制在很小的范围内。

日本牙科医疗器材综合商社佐佐木公司，1992年开始输入并销售美国牙科激光（ADL）公司研制的牙科专用激光装置。这种装置由激光输出系统、石英光纤系统、计算机控制系统组成，结构十分紧凑。主激光器是闪光灯激发的掺钕钇铝石榴石激光器，最大输出功率3瓦，波长1064钠米，脉冲工作，每秒钟15～30次可调，另有一台氦氖激光器导光，主要用于牙肉的切开和止血。在切开的场合，采用每秒20个30瓦输出的脉冲光束。在止血的场合，采用每秒15个2瓦输出的脉冲。

牙齿被拔除后，由于不可避免地会造成韧带撕裂和牙龈冠状组织损伤，往往导致大量的出血和创面感染，以致医生在作拔牙手术前都要化验能起凝血作用的血小板是否正常。这时就可采用激光束封闭血管和清创，除去残余的韧带和游离组织，因为这往往是引起感染的根源。

5. 填料固化的新仪器

龋齿在损坏不严重的情况下，医生会建议患者不要轻易拔除，而是采用一种高分子化合材料来充填。这种被称之为"光固化复合树脂"的材料，在固化前是一种膏状体，很容易填入龋齿的洞穴和粘结在前牙缺损的部分，色泽接近真牙，硬度很高。

这种树脂的固化对光的要求较高，如果光源使用不当，往往会使固化的质量下降，甚至导致失败。如病变是靠咽喉部位的大牙，由于普通光无法照射，就只好放弃采用这种办法的治疗。

采用光纤导光系统的激光牙科固化仪，较好地解决了上述问题。与切割用的激光不同的是，切割激光要求把光束聚成很细小的光斑，而固化用激光则用直径约3～10毫米的光斑，所以在光纤末端采用的是扩束镜，将光斑对准固化部位，照射十几秒钟后即可固化，迅速可靠。

6. 无振动噪声的牙科钻孔

钻牙大都采用高速电动或气动钻，开钻时通过牙齿会引起患者耳朵和脊柱的中、低频抖动，使人不寒而栗。

德国一家公司正销售一种可代替牙科医生原用钻锥的光纤系统。该系统采用紫翠宝石激光源，经倍频后通过光纤传递的激光束，通常为毫秒级的脉冲，每个脉冲的能量为几百毫焦耳。这种"光钻"不但彻底消除了振动和噪声，而且使以前医生难以下手的部位也可以施行手术了。

八、经络与光纤

中国文化博大精深、历史渊源流长，而中医则是其精华的一部分，有几千年历史的中医与只有三十多年历史的激光技术，能否可以在理论上和实践中达到和谐的统一，乃是摆在我们面前的一个重要课题。随着科学研究的不断深入，相信激光在中医的发展过程中，一定能起到巨大的推动作用。

经络是构成中医理论的重要基础，号称十二经、奇经八脉、十四络，其中十二经和八脉中的任、督二脉最为常用。

长期以来，人们采用了各种方法，试图将这些经络显现出来，但都没有取得成功，以至被某些西方学者讥笑为迷信，认为是荒谬无稽。

苏联的科学家认为，中医所说的穴位、经络很可能会是人体内的"光纤系统"。众所周知，人体的透光性能很差，当一束强光照射到人体的皮肤、皮下组织或器官上时，光线将向各个方向散射，光线透入皮下传播的距离取决于不同人的肤色，但最大不会超过 30 毫米。但是，苏联医学科学院所属的临床和实验医学研究所的学者们，所作的研究却得出了不同的结果。他们发现，当强光束射向某一穴位时，在离这一穴位 100 毫米处、同属一个经络的另一个穴位，却能探测到光讯号。当光束移开后，探测到的光讯号也随之消失。

美国科学家曼德利和布里格斯，对其他生物也进行了类似的研究工作。他们用红色的氦氖激光照射燕麦幼芽顶端时，发现激光在燕麦中能传播 45 毫米远的距离，甚至不用仪器而用肉眼就能观察到。光是直线传播的，如果能沿着

某些路径弯曲传播，那只能解释为是一种"光纤"现象了。

所以，科学家们推测，人体的光导系统，很可能就是中医学中的经络系统，而穴位本身就是人体的光敏点。不过，单凭这一点仍远远不能揭示人体经络的奥秘，还需要科学家们作进一步的研究才行。

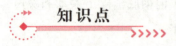

知识点

激光针灸

针灸是祖国医学宝库的一颗璀璨的明珠，长期以来为人类的身体健康作出了极大的贡献。激光出现后，医务工作者就根据其一定的波长可以不同程度地穿透肌体，并产生光照活化、热刺激等一系列生化反应的原理，按照祖国医学的理论基础，根据经络学说，用激光束代替传统的机械刺激和热刺激，取得了较好的效果。与传统针灸相比，激光针灸有无痛、无菌、安全、可控等优点，避免了传统针灸可能出现的滞针、弯针、断针、晕针和刺伤内脏等危险，特别是对于老人和小孩，较之传统的针灸更使人乐于接受，激光针灸的取穴原则、疗程几乎与传统的针和灸完全相同，疗效也相仿。

延伸阅读

激光治疗白内障

白内障也是人类常见的眼病，其特点是在人眼球的晶体内产生一种玻璃状或胶状的、半透明及不透明的物体，直接阻碍光线的通过。

1980 年以前，在国外治疗白内障的唯一方法就是外科手术打开角膜，这是一种需要全麻醉的手术。我国则采用一种"针拨法"的手术，这是一种把白内障囊体拨压到玻璃体下方的手术，曾在国际上享有盛誉。后来巴黎大学和瑞典伯恩大学的研究人员，发现利用激光诱发的冲击波，对清除继发性白内障极为有用。

他们用一台掺钕钇铝石榴石激光器，波长为 1.06 微米，发射纳秒级或皮秒级的脉冲，将红外激光聚焦在不透明的角膜上或其附近，从而用激光产生的冲击波将其撕开。

经激光治疗以后，病人的视力几乎瞬即改善。在美国，每年都要施行数万例激光手术。与早期需花费 2000 美元的传统外科手术不同，激光手术费用不超过 1000 美元，而且根本不需要全身麻醉或住院。

激光在防灾环保中的应用

一、预报地震的激光网

提起地震，人们很自然地想到 1976 年 7 月 28 日在我国发生的唐山大地震，可以说，在目前已知的灾害中，地震是危害最烈的一种自然灾害，地震预报是使人类免受地震巨大危害的唯一出路。

日本是一个多地震的国家，在地震的研究中，其技术处于领先的地位。日本洪松光电子公司与静冈县合作，试制安装了一套预测地震用的超长距离精密光波测距仪。这套仪器以最终低于 1 毫米的精度密切监视处于东海地震震源地骏河海沟两侧的静冈—伊豆间的距离，用测量板块移动量来预测地震。该装置利用伊豆半岛上设置的反射镜，反射静冈一侧发射的光，精确测量光的往返时间。

该装置的局限性在于，测量的距离受地球曲率的影响。用同样的原理可以使用地球同步卫星测量大陆板块的移动，但这样受卫星定点的精度和大气中光线折射修正技术的影响较大。

二、巡天遥测污染源

由于人类以前所未有的热情投入了海洋的开发和利用，使得海上运输、海上采油、海上采矿等显得热闹非凡，但同时带来的问题就是海洋的污染。而有效地对海洋进行污染情况的监测就成为当务之急。

人们通常用巡逻艇携带仪器进行海洋监测，耗资大而效率低，所以近年来各国均倾向于用飞机进行巡逻监测。

德国克鲁伯马克机器制造公司，与合作者共同开发了一种由空中监测海上污染的组合式测量传感器，并为装载在飞机中的这套系统，提供了整套执行任务的计算机软件。

与以前测量传感器相比，新设备作了一系列改进，尤其在识别油污染方面，它具有特高的测量精度。其原因是采用激光雷达进行海面扫描，用高灵敏度的光学传感器分析海面反射回的信号，这种传感器不仅能测出油层的厚度，更奇妙的是它还能识别油的种类，并能辨别海藻及确定其他发光有害物。新型数据流传送装置用于空中—地面联络。飞行结束后，由地面计算机处理所获得的数据，形成一份翔实的报告材料。

利用该系统，还可以检验海洋流动力的相互作用情况，研究淡水与咸水的混合。激光雷达能激发河流输送到海洋中大量植物有机染料发出的荧光，跟踪这些材料在海洋中的分布和稀释，是了解污染河水对水下生物影响的重要手段。激光雷达也能激发海洋生物中浮游植物包含的叶绿素发射的荧光，这样就可以测得海洋中的生物含量。

三、危险气体贮存的自动监视

煤气、液化石油气等，是石油化工行业的生产原料和城镇居民生活的必需品，所以在厂区和城市都建有贮存装置。任何事物都是一分为二的，这些气体能为人类造福，同时也会发生事故给社会造成巨大的危害。所以，建立一套灵敏可靠的监视系统是十分必要的。

日本三菱电机股份有限公司研制成功了一种利用半导体激光检测气体泄漏的高性能气体传感器。在石化厂或其他贮存设施周围利用移动式机器人巡视，当然也可以将传感器安装在固定设施上使用。这种半导体激光气体传感器的工作原理是：某一波长的激光会被特定的气体所吸收，而吸收的情况视激光的频率和气体的种类不同而有所不同。半导体激光器发出波长稍有不同的两束激光，遇到墙壁、金属等障碍物时便被反射回来。返回的反射波由聚光反射镜俘获，并被转换成为信号送往计算机处理。激光在返回途中被特定气体所吸收后，两束激光将形成强度差，并能加以检测。如有被监测的气体泄漏，便可立即报警，通知有关人员前往检查修理，避免火灾、爆炸或毒气外逸等事故的发生。

四、火灾现场的透视仪

日本松下技研公司研制成防灾用"激光视觉传感器"，它能探索到因受烟雾或火焰等的影响使人眼无法看到的物体。它是采用了一种用二氧化碳激光照射物体，再由其反射光形成图像的主动型传感器，可广泛应用于火灾现场的观察、指挥、救护，以及安装在抢救火灾的机器人上。

火灾发生时产生的火焰，会发射以红外线为主的各种波长成分。因而即使能够透过火焰照射激光，而来自检测物体的激光反射光，也会因被火焰噪声淹没而几乎不能识别图形。此种"激光视觉传感器"技术的关键是利用激光一定的波长和相干性，提取出所需的激光反射信号。

火灾产生的烟雾通常由微粒沟成，例如树脂或油类燃烧时生成烟粒的场合，通常混有 0.01 微米大小的粒子。在这种烟雾环境下，即使照射可见光（波长约 0.38 ~ 0.77 微米），因受烟雾粒子的散射和吸收而几乎不能通过。然而，如果使用波长比烟雾长得多的红外光，便能透过烟雾环境。此次制成的激光视觉传感器使用波长为 10.6 微米的二氧化碳激光，因而在这种烟雾的环境

下能得到优良的传输效果。

这种激光视觉传感器的优点还在于，不但可知道是什么物体（明暗信息），而且可以知道位于何种距离（距离信息），因为至物体的距离可由振幅调制的激光照射和来自物体反射光的时间延迟求得。这些信息由反射镜组合成的一维扫描器提取，被图像存储器存储后，分别以距离图像和明暗图像显示于电视装置上。

五、森林保护新贡献

森林是人类赖以生存的基本条件，气候的变迁，人类的滥伐，都造成了森林的急剧减少。但由各种因素造成的火灾，也是破坏森林资源的重要原因。大兴安岭的一把大火，曾把全国人民烧得坐立不安，所以，森林防火就成为林业部门的头号大事。目前林区的防火，一般都在较高的位置建成瞭望塔，由人员轮流值班，对所划分的区域用望远镜进行观测。如发现可疑情况时，即用电话或电台向林区防火指挥中心报告，以采取措施。较大的林区则是采用瞭望哨与巡逻飞机相结合的方法。巡逻飞机一般装有人工目视光学器材和红外匀动探测两套装置。因为地面背景红外源较多，当红外探测器发出报警信号后，还必须人工目视核查。这两种方法一遇到恶劣天气，便无能为力了。

据了解，迄今为止，我国还没有一种适用的森林火灾探测和监视的标准装备。某研究单位试制成功了一种激光林火定位仪器，在为森林防火提供现代化的装备工作中进行了有益的尝试。其工作原理是通过激光在林火烟尘上的漫反射，来确定目标和主机之间的直线距离，并利用自动同步式测角机构，同时测出目标的磁北方位角和俯仰角。这种被称之为"JLD 激光林火定位仪"的主机，包括光学发射系统、光学接收系统和分析、计数及显示系统。该种仪器激光束的波长为1.06微米，测距范围为200米至20千米，精度为±5米左右。整机重量轻，体积小，便于携带。可以作为流动监测器材使用，也可装备于防火塔，构成防火网络系统。当然，也可以装在巡逻飞机上，与红外系统配合工作。

激光林火定位仪探测面积大，定位准确。配合报警系统时，可自动报警。与计算机配合使用，可随时跟踪火头，计算蔓延速度和火场面积，为防火指挥机构提供火灾现场信息。

有趣的是，澳大利亚推出的一种森林保护用的激光设备，不是用来灭火，而是用来点火的。森林中有时会堆积许多废木料，影响林木更新，污染环境，所以必须进行清除，常用的是采取区域焚烧的方法。一般是使用手动火焰枪，或由低空飞行的直升飞机投掷燃烧弹来引火烧"荒"。这样作业危险性大，费用也高。澳大利亚的塔斯马尼亚大学研制成了一种用于森林废料点火的新装置，由二氧化碳激光器、扩束器和光学望远镜构成。它能产生具有足够能量的高热点，可在 100 ~ 1500 米的距离内点燃废木料，具有简单安全、廉价的优点。

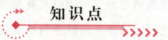

知识点

地　震

地震又称地动、地振动，是地壳快速释放能量过程中造成振动，期间会产生地震波的一种自然现象。大地振动是地震最直观、最普遍的表现。在海底或滨海地区发生的强烈地震，能引起巨大的波浪，称为海啸。地震常常造成严重的人员伤亡，能引起火灾、水灾、有毒气体泄漏、细菌及放射性物质扩散，还可能造成海啸、滑坡、崩塌、地裂缝等次生灾害。地震波发源的地方，叫做震源。震源在地面上的垂直投影（地面上离震源最近的一点）称为震中。它是接受振动最早的部位。震中到震源的深度叫做震源深度。

延伸阅读

激光引雷试验

日本东京电力中央研究所借助激光，进行的人工引雷击试验引起了电力界的极大兴趣。因为迄今的停电事故中，半数以上都是因雷击而引起的。

众所周知，输电线铁塔接有良好的地线，也采取了各种绝缘措施，各变电站也建有复合避雷针装置，但雷击停电事故仍不能完全避免。尤其在近海地带的冬季，雷击区域在云上的高度仅为 1000 米左右，加之在雨、雪、雾等潮湿气候的气象条件下，雷击事故就难以避免了。

为了减少雷电引起的断电事故，研究人员设想在雷云接近时，用激光开辟通道，把雷引到安全场所。他们利用激光，将激光束通过的空间的空气变成等离子气体，使处于绝缘状态的空气变成电流容易流过的通道，从而强制性地将雷引到了避雷针上。

激光在航空中的应用

JIGUANG ZAI HANGKONG ZHONG DE YINGYONG

　　飞机是人类在 20 世纪所取得的最重大的科学技术成就之一，有人将它与电视、计算机并列为 20 世纪对人类影响最大的三大发明。经过一个多世纪的发展，飞机的设计、制造技术日趋完美，使得飞机的综合性能获得了突飞猛进的发展，但飞机也有其固有的缺陷，如对飞行安全至关重要的一套保护系统极为复杂，包括地面引航、空中导航、气象保障、各种维修服务等。利用激光技术，改善飞机的空气动力性能，可以节省燃料；可以改善现有导航设施和导航仪表，提高精度和可靠程度；还可以改进检测手段，提高事故隐患的检出率，以保证飞行安全。

　　合理利用激光技术，积极拓展激光在航空中的应用范围，可在航空的安全、导航、维修等方面发挥重大的作用，促进航空事业的进一步发展。

激光与航空安全

一、激光引航

火车要有站台，轮船要有港口，而飞机的站台和港口就是飞机场了。

一个符合国际标准的现代化的飞机场，占地非常大，一般都在 15 平方千米以上。它由跑道、滑行道、联络道、停机坪和机场供应道路网等组成。一条供飞机起飞和着陆的混凝土跑道，一般长 2300 ~ 3000 米，宽 45 ~ 80 米，跑道两端还有 270 ~ 400 米长的安全段。这对地面行驶的汽车来说，已经是相当宽阔了，但是对于飞机来讲，与无边无垠的天空比起来，那简直就像汽车驾驶员考试要钻的标杆一样狭窄。所以，除飞机本身外，机场要安装各种设施，以保证飞机在夜晚和雨雾天气也能顺利起飞和平安降落。火车沿铁路有许多由各种颜色组成的信号灯，轮船进港也有灯塔和灯标。同样，飞机场也有用灯光组成的导航信号。在跑道、滑行道和联络道的四周，相隔一定间距装设了大量的大功率电灯，用来标出跑道、滑行道及联络道的边界。为了给飞机留出足够长的滑行距离，在距机场 1 千米处有一座霓虹信号灯塔，从霓虹灯塔起有一排红灯一直到跑道端头，叫做下滑灯，用来引导飞机沿着准确的航线下滑；在保险道的端头上各有一排红灯，用来表示机场的边界，所以叫边界灯，以告诉飞行员做好着陆准备；还有接地灯、跑道边界灯、跑道中心线灯等。另外，在着陆方向的左侧的边线灯旁的适当位置，还设置了一组数目为横七竖八的"T"字形的黄色灯，用以标示飞机都要在这一点着陆。"T"字灯的另一个作用，就是当机场暂不允许驾驶员着陆时，其上竖向的 8 个灯也打开，是"十"字形，遇到这种信号，飞机只好在机场上空盘旋，这样，在晴朗的夜空，即使是在几千米的高空，也可以看到由"万"盏灯光组成的一幅"灯框"图。

遗憾的是，这种传统的灯光设备，在遇到雾、雨、雪及机场上空有急剧变化的气流云团等恶劣天气时，就无能为力了。没有地面可靠的信号引导，飞机就不可能降落，如不采取其他措施，将会直接威胁到飞机和旅客的安全。

激光出现以后，有人就设想用激光代替普通灯光来为飞机引航，当时由于成本等因索而未能实现。随着激光技术的发展和激光器成本的下降，目前又把激光引航的方案提了出来。

试验表明，一定波长的红、黄、紫色激光，穿透浓雾的能力比普通灯光强得多，可在能见度很差的恶劣天气中，为飞机指示出清晰的跑道，其效果令人十分满意。通过巧妙的设计，传统机场灯光设备的80%，都可用激光装备来取代。据计算，激光装备对电力的消耗也只有普通灯光设备的十分之一，而且相应的装备费及施工费也比传统的灯光系统有较大的降低。这样就可以提高机场的综合经济效益，确保飞机进、出航空"港"的安全。

二、光盘导航

光盘作为高密度的存储介质，已经广泛地应用于计算机的数据存贮。用于飞机导航系统的设想也由来已久。但因飞行中存在的环境问题对光盘驱动器提出的种种苛刻要求，吓退了许多跃跃欲试的大公司。

飞机的飞行，尤其是军用战斗机，在执行任务期间，要克服纵向正、负加速度和垂直、水平绕轴的正负角加速度等影响，以及剧烈的震动、高温、低温等环境的干扰，在这种情况下，要使光学读写头的运动、光盘的转动都必须保持微米级的精度，确实是一件非常棘手的问题。为此，美国空军制定了一项设计制造用于高性能喷气式飞机的可运输光盘系统，为的是有朝一日，能使飞行员利用光盘来贮存可在树顶高度飞行，而不使用雷达的详细数字地图。

据美国空军罗姆发展中心的 TODS 计划经理说，这个项目已取得了突破，其技术除了解决加固和采取减震措施外，其核心还在于工程技术人员研制出了一种新型可擦除磁光介质。直径为 5.25 英寸的光盘，可贮存 300 兆比特的数据，其容量为普通电子计算机同规格的磁盘的 150 倍、为普通光盘的 20 倍。

为使光盘系统能承受超音速战斗机的作用力，工程师们设计了一种分裂光

学头跟踪系统，大多数的激光元件和灵敏元件被隔离在一个静止装置内。普通商用 CD 唱机的光学头，是在光盘上横向移动的，而 TODS 系统则只有最后的物镜是动的，这种设计是为了保证整个系统不易产生振动引起的跟踪误差。

这种光盘系统体积只有面包盒大小，不仅为飞行员提供了详尽的飞行图，而且使飞行员不必携带通常必用的纸张，例如，在执行飞行任务前，飞行员可在光盘上记下诸如无线电电码、敌人位置、交替飞行路线和气象图等信息。飞行员可在必要时用平视显示器检索有关资料数据。

很明显，使用这种系统后，飞机可以关闭雷达保持无线电静默直飞目标区，以最大限度地保证战术的隐蔽性和突然性。如果配合地形雷达使用，则可以提高可靠程度和减轻驾驶员的负担。据称这种系统已在 F－16 战斗机上安装，并在演习中试用。另外，在波斯湾地区发生危机期间，曾在海军陆战队的飞机和 C130 运输机上安装试用过，其中至少两套还具有光盘数据成像系统。

一旦这种光盘统一规格标准后，经过进一步实用检验和完善，即可移植到民航飞机上，以提高飞行的安全性，其市场前景十分可观。

三、激光检测

飞机与其他交通工具最重要的区别，就是安全上的特殊性。因为一些地面或水上运输工具可以在出故障时停机检修，而飞机则必须把隐患消灭在地面上。同时，为飞机起飞、着陆的安全，保障工作也极为复杂，以确保万无一失。

用激光自动调节刹车系统。为了使大型客机高速着地、减速，并安全停止，在轮胎和滑行路面之间必须保证要有足够的摩擦力。驾驶员以往仅是凭感觉经验来判断各种摩擦力的大小，以控制制动襟翼的张角和轮毂的制动力。但这对驾驶员的训练就是一件非常困难的事情，驾驶员中有"上易下难"之说，其中也包括飞机接地后的制动问题。制动力小飞机就可能冲出跑道，制动力大了，又可能发生侧滑或栽头。为了解决这个问题，工程技术人员想了很多办法，包括采取测定摩擦系数等参数，反馈到微型计算机后以控制液压系统等。

到目前为止，这种系统还是比较先进的。但美中不足的就是很重要的一个参数——跑道路面的粗糙度无法测取，其原因是一直找不到合适的传感器。日本航空宇宙公司研究所，潜心多年研究、筛选了多种方案，最终推出了用激光测量滑行路面粗糙度的装置。这种装置采用被称之为"激光眼"的激光位移计，能以非接触方式高精度地连续测定滑行路面的截面形状，把数据及时传输到微电脑控制器，达到自动调整刹车系统的目的。

用全息术检测飞机缺陷。一架飞机有数万个铆钉，铆钉常常处于交变应力下工作，极易疲劳损坏，对飞机安全威胁极大。但对铆钉的检查又没有特别有效的便捷方法，这就成了工作量很大的一件难事。

澳大利亚工程师为了解决这一问题，发明了一种鲜为人知的"离台全息术"，可以简易迅速地检测飞机机身铆钉头上隐藏的缺陷。

这种技术是把照相干板移到待研究的部位，用激光照射。然后再对机身加压，或在一些部分加重，使结构呈负载状态，在此状态下再次对照相干板曝光。

照相干板记录两次照相后的光波图形，如果铆钉完好无损，则在加载和未加载时并无差异的区域，光波图形为等高线形的吻合。否则，就会产生"干涉条纹"，图形的线条不再吻合。

现常用分析金属中的电涡流或用超声波的手段来检测飞机构件的疲劳，不但很麻烦，而且与操作者的技巧密切有关，灵敏度不高。由于此种方法能在早期找到飞机的严重故障，所以能大大降低机群的维修成本和提高飞机的可靠性。现在澳大利亚工程师正试图研制出能对铆钉异常负载进行自动扫描的机器人，以实现对全息图的自动判读。

无独有偶，法国的一家航空设备公司，也采用了激光全息技术来检测飞机结构的隐患。

传统的测试技术只能检查部件的好坏，不能检出部件内部的缺陷，特别是复合材料，如玻璃或碳层内部填料的伤痕、变形等。他们通过广泛的试验和对技术的不断改进，研制成了现有设备，据说是举世无双。具体的方法，是将待测叶片牢牢固定在测试架上，并进行全息摄影，然后对叶片均匀加压。通过全息摄影观察其畸变，即可直接展示叶片内部的任何缺陷。叶片两侧要分别进行检测。

该公司自1980年以来，采用这种技术，先后对两万余张直升机复合叶片进行了检测，包括主叶和尾叶，均收到了良好的效果。

现在已可用全息照相术，来检查航空工业用多层金属板和夹板蜂窝结构的内部缺陷，包括表层以下脱开、叠接脱离、夹杂、粘结不牢、衬心毁损等，使飞机材料的可靠性大为提高。

四、激光气象

1965年夏，一架美国客机满载乘客，航行在大西洋上空。空中小姐满脸微笑，在飞机的通道上为旅客介绍沿途风光。因为天气晴朗，视线很好，蓝天、碧水、白云、孤帆，一派迷人的景色。正当旅客们陶醉在这惬意的旅途之中时，突然飞机剧烈地颠簸起来，机组人员立即将自动驾驶转入人工驾驶状态，尽管驾驶员个个都是技术精湛的老手，但使出了浑身解数，还是抵抗不住大气湍流的捣乱。飞机一会儿被托到高空，一会又被压向海面，客舱里行李乱飞，杯盘满地，一片狼藉。幸好这种状况只持续了十几分钟，飞机穿出了湍流，恢复了平静。飞机落地后发现机翼、机身有多处裂纹，如果这种状况再持续一会儿，后果就不堪设想了。

无独有偶，我国东方航空公司的一架波音班机在太平洋上空也遇到了类似的一幕，伤了30余人；在报道中还特意提到机上10名日本旅客，"因为严格遵守规定使用了安全带"，而没有受伤。大家知道，现代客机不但在航线上可以得到沿途国家和机场所提供的当地的精确的气象预报，而且飞机上还有自己的特殊设备，如有专门的气象雷达，通过雷达，就可以确定航线上云层的性质、分布、云层是否有闪电，并且能够发现即将到来的雷雨前沿和单独的雷暴云。那么为什么上述两架客机会遭此险呢？原因在于大气中的气象是瞬息万变的，气象预报不可能是十分精确的。而机载气象雷达的无线电波，对空气湍流、旋风和大气的其他"力学"效应是"透明"的，从雷达的荧光屏上无法发现它们。而当飞机驾驶员感到这种"力"或那种"力"的时候，飞机已经进入险境了。实际上上述两架飞机还都算是幸运，据统计，仅美国自 1960 年至 1980 年，就有十几架飞机惨遭大气湍流的不测之祸，机毁人亡。据科学家研究，所谓的"百慕大三角"危险地带，大气湍流活动就十分活跃，难怪乎飞机在此空域频频失事了。

而激光的出现和激光气象雷达的研制成功，为航空提供了强有力的安全手段。其原理是：红外激光会被空气湍流、旋涡及大气逆温层所反射，激光雷达根据测量到的反射信号而记录下大气中气溶胶的数量，并由计算机测出大气中的化学成分，加以分析、判断。利用与激光雷达配合使用的环形激光器，还能测定风速，比普通风速计要精确百倍以上。这样，有了激光气象雷达，飞行也就安全多了。

知识点

战斗机

战斗机是用于在空中消灭敌机和其他飞航式空袭兵器的军用飞机，也即歼击机。第二次世界大战前曾广泛称为驱逐机。战斗机的主要任务是与敌方战斗机进行空战，夺取空中优势（制空权）。其次是拦截敌方轰炸机、强击机和巡航导弹，还可携带一定数量的对地攻击武器，执行对地攻击任务。战斗机还包括要地防空用的截击机。但自 20 世纪 60 年代以后，由于雷达、电子设备和武器系统的完善，专用截击机的任务已由战斗机完成，截击机不再发展。战斗机具有火力强、速度快、机动性好等特点，是航空兵空中作战的主要机种，也可用于执行对地攻击任务。

延伸阅读

气象雷达的工作原理

　　气象雷达通过方向性很强的天线向空间发射脉冲无线电波，它在传播过程中和大气发生各种相互作用。如大气中水汽凝结物（云、雾和降水）对雷达发射波的散射和吸收；非球形粒子对圆极化波散射产生的退极化作用，无线电波的空气折射率不均匀结构和闪电放电形成的电离介质对入射波的散射，稳定层结大气对入射波的部分反射；以及散射体积内散射目标的运动对入射波产生的多普勒效应等。

激光气象雷达

　　气象雷达回波不仅可以确定探测目标的空间位置、形状、尺度、移动和发展变化等宏观特性，还可以根据回波信号的振幅、相位、频率和偏振度等确定目标物的各种物理特性，例如云中含水量、降水强度、风场、铅直气流速度、大气湍流、降水粒子谱、云和降水粒子相态以及闪电等。此外，还可利用对流层大气温度和湿度随高度的变化而引起的折射率随高度变化的规律，由探测得到的对流层中温度和湿度的铅直分布求出折射率的铅直梯度，并通过分析无线电波传播的条件，预报雷达的探测距离，也可根据雷达探测距离的异常现象（如超折射现象）推断大气温度和湿度的层结。

激光陀螺与光纤陀螺

一、机械陀螺仪

现代的陀螺仪，属于一种"高、精、尖"的技术。其实它的鼻祖无非就是三尺孩童手中的玩物而已。牛顿根据这种玩具，建立了一条著名的陀螺定律，即"一个旋转体以进动的形式对抗外界扰矩，而进动方向与扰距方向成直角"。这一定律的推导公式和方程在此略去，我们可以这样来理解，陀螺的直径越大、质量越重、转速越高，那么陀螺的状态就越稳定。运用陀螺原理制成的仪器就叫陀螺仪。由于陀螺仪的方向一经设定就不随周围状况而变，我们利用这一性质，就可以用来检测乘载陀螺仪的运动物体的角速度，确定运动方向与速度、距离。因此，陀螺仪是飞机、火箭、轮船、潜艇等靠自身力量作长距离运行的物体，进行方向指示、姿态控制与实现自动化运转时，必不可少的仪器。

1352 年，法国科学家傅科，在巴黎第一次用陀螺仪观察到了地球的转动。1910 年，陀螺仪首次用于船舶。第二次世界大战期间，陀螺仪在枪炮瞄准和雷达天线等稳定装置中得到了应用。20 世纪初，开始出现了飞机的陀螺稳定器和自动驾驶仪。但直到 1940 年以后，陀螺罗盘才完全取代了磁罗盘。1950 年，出现了陀螺惯性导航系统。

二、激光陀螺

20 世纪 60 年代以前，陀螺的应用已经十分广泛，虽然当时已有人根据萨格纳克干涉仪的原理，提出过"光陀螺"的设想，但一直未能实现，而机械陀螺一直称雄天下。

机械陀螺的主要组成部分是安装在支架内、能绕任意轴高速旋转的转子。

当支架翻转时，转子的动量能使转子保持其原来的状态。旋转体的角动量（惯性力矩与角速度的乘积）越大，就越能稳定转子状态。

陀螺仪

这种机械陀螺从结构上来看，我们很容易发现其缺点：首先是转子与轴承、支架与支架之间不可避免地要产生摩擦，这种摩擦将造成严重的误差。其次是转子必须做得很重，这样重的旋转体长时间高速旋转，必须有电动机等作动力，且需启动时间。此外，也必须有同步电机那样的大型装置来读取指示。需要长时间工作的机械陀螺仪的体积都很大，如船舶用的陀螺仪，约占地 4 平方米。1960 年，激光诞生了，氦氖激光器作为第一种连续工作的激光器问世后，立刻激起了人们对萨格纳克转动传感器的兴趣。1963 年斯泊里公司的马克和戴维，使萨格纳克转动传感器以激光陀螺的形式变为现实。旋即由罗森尔提出了具体方案，霍尼威尔公司研制成功了世界上第一个实用的激光陀螺。至今，人们还将激光陀螺仪称为霍尼威尔陀螺。激光陀螺是与采用旋转体的机械陀螺原理完全不同的划时代的产品，激光陀螺将通常氦氖激光器谐振腔的两个反射镜构成了一个封闭的环形谐振腔。在两个阳极和阴极间所加的高电压，激活气体发出激光。由于两个阳极的作用，使得环形腔实际存在分别按顺时针方向和按逆时针方向传输的两路光束。如果仪器绕垂直于纸面的轴高速旋转，根据萨格纳克效应，这两路光束在通过相同长度的路程时将产生光程差，通过检测器检出和计算处理，即可得到有关的数据。一台这样的仪器能测出某一平面内的旋转角速度或旋转角，而三个这样的陀螺仪互相垂直放置，就可以检测三维旋转了。

激光陀螺的发展已有几十年的历史，20 世纪 80 年代初这种技术已广泛地走向市场。目前英国航空公司、美国里顿公司、霍尼威尔公司、麦道公司等国际性大企业，都拥有各自的激光陀螺产品及技术。

三、光纤陀螺

环形激光陀螺虽然取得了极大的成功，但也存在严重的缺点，就是低转速下所谓的"模式锁定"的现象，即当萨格纳克效应引起的频移极小时，激光将两个相反方向转动的模式锁成一个介于其间的单一频率。霍尼威尔激光陀螺大都通过引入机械振动的方法来解决这一麻烦。但引入抖动却会带来许多其他问题，抖动会使陀螺仪三个轴互相耦合，带来相对误差等。这就迫使人们寻找解决的办法。

20世纪70年代中期，低损耗光纤推向市场，使许多潜心于萨格纳克干涉仪研究的人们萌发了一种新概念，即用光纤作导光介质，以增加匝数（即光路长度）来提高萨格纳克效应系数因子，从而获得高灵敏度的光纤萨格纳克干涉仪。

1976年，美国犹他大学的维艾尔等使用这一新思想，制成了世界上第一台光纤陀螺仪。他们用10米长的光纤，绕在半径为15厘米的圆柱上，采用分立元件结构，在转台下观察到了萨格纳克效应。实验的成功，标志着第二代激光陀螺——光纤陀螺的诞生。

完成试验以后，这些科学家作了一个惊人的估算。如果用4.3千米、衰减为每千米2分贝的单模光纤，用功率3毫瓦的激光器做光源，陀螺线圈的半径为15厘米，噪声仅限于光子散粒噪声时，这个灵敏度远远超出导航陀螺所需的精度。而且早在1976年，美国《应用光学》杂志的一篇文章中，

光纤陀螺仪

已提出光纤陀螺在低转速下不会出现像激光陀螺中的锁定现象，因而无需求助于引入抖动之类的办法，这就注定了光纤陀螺在技术上要比激光陀螺优越。

1978 年，在智利圣地亚哥光学转动传感器会议上，光纤陀螺的优点和前途为大家所公认。正是这次会议以后，各国科技界，特别是有名望的世界性大公司的投入，引来了光纤陀螺竞相发展的繁荣局面，以至一些长期从事激光陀螺研究的公司也立即转向光纤陀螺。所以，这次会议被认为是光纤陀螺发展史上的一个里程碑。1984～1985 年，世界几大著名的光纤陀螺实验室亦相继将他们的陀螺精度做到了这个数量级。

由于光纤陀螺大都用于军事装备，所以国际上很少公开报道，在精度方面也没有惊人的突破，但在一些低精度场合的应用发展得都非常快。20 世纪 90 年代，日立公司和霍尼威尔公司都有能用于机器人的光纤陀螺产品出售。

尽管光纤陀螺的精度眼下还不能与激光陀螺相比，但向高精度的导航级前进的步子已经迈出，已具备实力向它的前辈所在的一切领域挑战。国外有的专家甚至预言。"光纤陀螺的出现，标志着常规机械陀螺的停转"，"光纤陀螺将取代一切具有旋转质量、轴承和其他有关的机械运动部件的陀螺"。

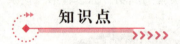

知识点

误　差

测量值与真实值之差异称为误差，物理实验离不开对物理量的测量，测量有直接的，也有间接的。由于仪器、实验条件、环境等因素的限制，测量不可能无限精确，物理量的测量值与客观存在的真实值之间总会存在着一定的差异，这种差异就是测量误差。误差与错误不同，错误是应该而且可以避免的，而误差是不可能绝对避免的。

激光陀螺仪的原理

激光陀螺仪的原理是利用光程差来测量旋转角速度。在闭合光路中，由同一光源发出的沿顺时针方向和反时针方向传输的两束光和光干涉，利用检测相位差或干涉条纹的变化，就可以测出闭合光路旋转角速度。激光陀螺仪的基本元件是环形激光器，环形激光器由三角形或正方形的石英制成的闭合光路组成，内有一个或几个装有混合气体（氦氖气体）的管子，两个不透明的反射镜和一个半透明镜。用高频电源或直流电源激发混合气体，产生单色激光。为维持回路谐振，回路的周长应为光波波长的整数倍。用半透明镜将激光导出回路，经反射镜使两束相反传输的激光干涉，通过光电探测器和电路输入与输出角度成比例的数字信号。

激光与飞机设计

一、飞机"减肥"有绝招

在波音飞机的生产装配线上和工程设计人员的办公室里，都可以看到这样一句口号"为减轻每 1 克重量而努力"，足见重量对飞机的影响之大，和"减肥"之不易。

目前大型民航客机，是利用电子控制系统，对飞机的各种环境下的工作状态进行监视和控制的。为了保护关键的电子系统免遭雷击和电磁场的干扰，在制造飞机时，必须在电路板安置大量的金属防护罩和许多专用的二极管、电缆

连接器等元件，这样就大大增加了飞机的重量，整架飞机一般要因此增加3000千克左右重量。美国沃滩市的一家航空公司，正在研制一种"光控飞行"的新技术，能使每架飞机减轻大约680千克的重量。

这种新技术的核心，就是使用光纤来代替笨重的铜芯电缆，担负全机各种通信信号的传递。例如，一根头发丝粗的光缆，即能代替鸡蛋那么粗的电缆。需要解决的问题，主要是各种接口器和信号的转换、调制、解调等装置的研制，一旦这些问题被解决，飞机就可以更加苗条、潇洒地翱翔于万里蓝天了。

二、富有感情的智能机身

根据美国咨询机构国际研究与发展公司的研究，预计下世纪初，将会出现与人的皮肤一样有感觉的智能机身，使飞机更灵巧、更可靠。

这种飞机内部有数百个传感器，分别对各个线性位置、旋转位置、温度、流量、气压、液压、燃料压力、速度、振动等参数进行实时测定和监控，

飞机的外皮，由内部装有光纤传感器的复合材料制成，传感器直接探测与过热或过剩应力相关的变化。任何裂纹都将破坏植入的光纤的传输路径，因此它也能探测机械性损伤。此项技术同样也能适用于由复合材料制成的构件，

与目的在于为飞机"减肥"所采用光纤传导各种信号一样，"智能"机身也采用光纤代替传感信号传输的铜线。这不仅仅是因为光纤比铜线轻，而是光纤的抗干扰能力极强，既不会受磁场的影响，也不存在火花导致火灾的危险，在极端温度或会使金属导线腐蚀的情况下也能正常工作。更加奇妙的是，这种智能系统还有监控本系统自身情况的功能。

20世纪80年代中期以后，这种装有光纤传感器的外壳成为了美军集中开发的焦点，其中最大的项目由诺思洛普公司和洛克希德公司进行。这种系统已由部分公司生产并已经在飞机和火箭上得到应用。推进这项工作研究发展的还是市场动力。

此外，舰船和建筑物也可以适用这种系统，以使其达到可靠、节能的目的。

三、激光帮忙换新装

一般来说，军用飞机每 5～7 年就需重新上漆一次，民航飞机一般为 5 年左右。全世界仅民航飞机每年的重新油漆费用，就达 5 亿美元以上，其中约有一半的费用花在旧漆的剥离这一恼人的工序上面。

美国加州圣克拉拉的国际技术公司，推出了两套激光剥漆系统，安装在美国切里呷和诺福克的海军航空兵站，为喷气机和直升机等脱漆。这是激光技术在航空领域的直接应用，系统中采用联合技术工业激光器公司提供的脉冲二氧化碳激光器，额定功率 6 千瓦，以高达 100 赫兹的脉冲频率运转，每个脉冲的宽度约为 30 微秒，所以其峰值功率为 200 千瓦。用它脱漆时，每分钟可消除 32 平方米的面积。气化的油漆被吸到一套有催化转化器的废气处理系统中。脱漆过程是在摄谱仪监视系统下进行的。摄谱仪实时获取油漆的光谱特性，通过与储存的油漆特性数据库相比较，决定这种颜色的油漆应予除掉还是不应除掉。

据试验，激光脉冲可脱掉油漆，露出下面的金属；通过计算机编程，使系统在脱到底漆层时就自动停止。这样就可以防止损坏飞机蒙皮，从而显示这套系统的特色。因为正在研究的一些方法，如用高压水柱、塑料丸"喷砂"或化学药水喷射，都将会不同程度地损坏飞机蒙皮。

与此同时，美国国际技术协会为提高海军战斗机的涂料剥离作业效率，也在研制一种更加先进的机器人式自动高功率激光系统。这项试验得到了美国国防部和美国海军航空系统司令部的资助。

我们不妨作个比较，就可以看出使用这套设施的优越性了：使用化学药水喷射，剥离一架战斗机涂料的时间需要 700 小时，而这套系统一投入使用，则仅需几个小时就可以了。

四、减少阻力省燃料

现代飞机的性能都很不错，但唯独燃料消耗很难改善。如一架三叉戟客机载油 24 吨，飞行 1 个小时平均要消耗 6 吨航空煤油；一架波音 747 客机载油约 140 吨，每小时要烧掉 6.5 吨燃油；一架 B－52 战略轰炸机载油 110 吨，每飞行 1 小时，需烧掉 7 吨燃油。因此，减少油料的消耗是降低飞行成本的根本措施。波音公司正在进行的一项非常特殊的计划，就是在飞机机翼上用激光打孔，来减少飞行阻力，从而达到节省能源的目的。

他们在波音 757 型飞机左翼发动机的外侧的几米长的一段，打了成百万个致密的小孔，并进行了全部飞行试验。在 5 个月的试验期间，在改进后的机翼表面，有 65% 以上的地方产生了层流。

如果在飞机两个机翼的全长都照此改进，激光打孔可达 1900 万个，飞行阻力可减小 10%。资料表明，阻力每降低 1%，美国航空工业的燃料费就可以节省 1 亿美元。如果在全美国机群推广这种技术，将为其航空工业降低很大的一笔费用。

这种技术称之为可渗透机翼吸除系统。波音公司的计划经理说："此事已经知道多年，在理想的条件下可以得到层流。问题是当时制造这种足够光滑的可渗透机翼从结构上有困难。现在有了激光技术，试验表明我们能够解决这个困难。"

波音公司的试验是在亚音速的条件下进行的。可美国宇航局艾姆斯·德来飞行研究所的科学家们，则利用这种技术对超音速的飞机进行改进。据称，该所 F－16XI 型飞机，在连续 28 次飞行试验中，都在用激光打孔改进后的机翼上产生了超音速层流。

▶▶ 知识点 ▶▶▶▶▶

光　纤

光纤是光导纤维的简写，是一种利用光在玻璃或塑料制成的纤维中的全反射原理而制成的光传导工具。前香港中文大学校长高锟和 George A. Hockham 首先提出光纤可以用于通信传输的设想，高锟因此获得 2009 年诺贝尔物理学奖。

波音 737 系列飞机

波音 737 系列飞机是美国波音公司生产的一种中短程双发喷气式客机。波音 737 自投产以来四十余年销路长久不衰，成为世界民航历史上最成功的窄体民航客机系列。截至 2007 年，波音 737 系列的所有机型已获得 7000 多份订单，在世界民用航空史上，其他任何机型都未曾在销量方面获得如此巨大的成功，波音 737 系列飞机比其主要竞争对手空中客车公司成立 30 年以来全部产品系列所得到的订单还要多。世界上任何时候天空中都有近 1000 架波音 737 在飞翔。

激光与能源概述
JIGUANG YU NENGYUAN GAISHU

　　能源是人类活动的物质基础。在某种意义上讲，人类社会的发展离不开优质能源的出现和先进能源技术的使用。随着现代工农业和国防、科技事业的急速发展，各国对能源的消耗量也显著增加，但能源毕竟是有限的，总有一天会消耗完毕，那时候人类该何去何从呢？

　　面对能源危机，世界上许多国家在积极制定节能措施，在提高能源利用率、降低能源消耗的同时，着力新的能源的研究与开发。其中最有争议而最为实用的应首推核能发电技术。核能即核反应或核跃迁时释放的能量，例如重核裂变、轻核聚变时释放的巨大能量。地球上有比较丰富的核资源，核燃料有铀、钍、氘、锂、硼等，世界上铀的储量约为417万吨。地球上可供开发的核燃料资源，可提供的能量是矿石燃料的十多万倍。

　　核能发电是利用铀燃料进行核分裂连锁反应所产生的热量，将水加热成高温高压，核反应所放出的热量较燃烧化石燃料所放出的能量要高很多（相差约百万倍），比较起来所需要的燃料体积比火力电厂少相当多。总之，核能的开发应用已成为当今世界能源高技术的重要课题，谁能在分离同位素和掌握核聚变的可控技术方面领先，谁就将在竞争中立于不败之地。

激光与分离同位素

一、原子弹与核电站

第二次世界大战末期，美国于1945年将绰号为"小男孩"和"胖子"的两颗原子弹，分别投到了日本广岛、长崎两座城市，给这两个城市和居民造成了巨大破坏和伤亡，威力超过了历史上任何一种武器，以至今天人们还谈核色变。

犹如其他科学技术一样，原子能技术也具有为恶和为善的"双刃剑"作用。自从出现了原子弹以后，就有人设想将巨大的核能用于造福人类。爱因斯坦有一个著名的质能关系公式：能量＝质量×光速的平方，所以，极少的质量就可以转化为极大的能量，例如，1克质量的铀所具有的能量，足够一盏1000瓦的电灯，点燃2850年，或相当于燃烧2000吨汽油。1千克铀完全分裂所产生的能量，相当于2万吨TNT炸药爆炸时所放出的能量。

基于上述原理，人们研究出了利用核能发电的技术。尽管苏联的切尔诺贝利和美国三里岛核电站等发生了事故，引起了一阵恐慌，但在传统能源面临枯竭的胁迫和核技术不断完善的引诱下，各国还是选择了核电站这一目前唯一可缓解能源危机的道路。

二、激光与同位素的分离

人们为了把铀235的含量从原来的0.71%提高到3.2%，想了许多办法，其中气体扩散法和离心法是比较成功的方法，但这两种方法的技术和设备都比较复杂，成本非常高。如造一座气体扩散铀燃料生产厂，得投资30亿元，耗电达200万千瓦，要经过上千道工序，生产出来的铀比黄金还贵。离心法则是利用其质量的不同，进行重力筛选，同样成本都很高。

由于不同的同位素的原子或者分子的能级结构有十分微小的差异，所以激光出现以后，人们就利用其优异的单色性，对不同的同位素进行选择性的激发，达到分离的目的。自1970年世界上首次用氟化氢气体激光器成功地分离了氢同位素以来，用激光法分离其他多种同位素也获得了成功，被誉为是"第二代浓缩法"。用激光技术把同位素铀238、铀234与铀235分离开来，从而实现提纯铀燃料的具体步骤是：首先把铀矿石采用局部加热等方法使之变成蒸气，然后利用铀235和铀238在某些光谱线上的微小差异，用适当波长的激光，分步选择激发铀235并使之电离，而不激发铀238，使铀238保持中性。然后让这种铀蒸气流过电场。被电离的同位素铀235在通过电场时，便被电场的负极吸引过去。其余的两种同位素铀238和铀234没有发生电离，不会在电场中发生偏转，继续沿气流方向流出电场。聚集在电场负极附近的铀235离子，在这里俘获了电子之后还原成原子。这样一来，我们便可以在阴极附近收集到含铀235的量比较高的铀燃料了。

　　日本动力反应堆和核燃料开发事业集团东海事业所，建造了一座激光法浓缩铀装置，该装置由每秒100个脉冲、输出功率为500瓦的二氧化碳激光系统和能回收六氟化铀的系统构成。当六氟化铀以超音速从喷嘴喷出，温度下降到－30℃时，用激光照射六氟化铀，只吸收铀235的波长，然后进行分离回收。这座装置占地1300平方米，能将含量只有0.3%的铀235，浓缩为含铀235达3%～4%，可供核能发电用的燃料。据称，该装置已连续运行了一年多，获得了10多吨的商品浓缩铀。

　　日本原子能研究所声称，用实验室规模的激光铀浓缩装置，从天然铀中1小时可分离并回收0.01克的核电站燃料铀235。效率为美国和法国正在使用的气体扩散法的10倍左右，所以被日本政府定为解决21世纪能源问题的"国策"之一。

知识点

铀

  铀（Uranium）是原子序数为 92 的元素，其元素符号是 U，是自然界中能够找到的最重元素。在自然界中存在三种同位素，均带有放射性，拥有非常长的半衰期（数亿年～数十亿年）。此外还有 12 种人工同位素（铀226～铀240）。铀在 1789 年由马丁·海因里希·克拉普罗特（Martin Heinrich Klaproth）发现。铀化合物早期用于瓷器的着色，在核裂变现象被发现后用做核燃料。

延伸阅读

核能发电

  核能发电的历史与动力堆的发展历史密切相关。动力堆的发展最初是出于军事需要。1954 年，苏联建成世界上第一座装机容量为 5 兆瓦（电）的核电站。英、美等国也相继建成各种类型的核电站。到 1960 年，有 5 个国家建成了 20 座核电站，装机容量 1279 兆瓦（电）。由于核浓缩技术的发展，到 1966 年，核能发电的成本已低于火力发电的成本。核能发电真正迈入实用阶段。1978 年，全世界 22 个国家和地区正在运行的 30 兆瓦（电）以上的核电站反应堆已达 200 多座，总装机容量已达 107 776 兆瓦（电）。80 年代因化石能源短缺日益突出，核能发电的进展更快。到 1991 年，全世界近 30 个国家和地区建成的核电机组为 423 套，总容量为 3.275 亿千瓦，其发电量占全世界总发电量的约 16%。世界上第一座核电站为苏联的奥布宁斯克核电站。

中国的核电起步较晚，20 世纪 80 年代才动工兴建核电站。中国自行设计建造的 30 万千瓦（电）秦山核电站在 1991 年底投入运行。大亚湾核电站于 1987 年开工，于 1994 年全部并网发电。

激光在核聚变中的应用

一、氢弹炸出的一片天地

在原子弹以巨大的威力震撼了世界以后，武器专家们所探讨的问题就是：是否能制出威力比原子弹还要大的核武器? 1952 年 11 月 1 日，美国爆炸了世界上第一颗氢弹，爆炸力相当于 1000 万吨 TNT 炸药，等于 500 颗在广岛、长崎爆炸的原子弹的当量。1954 年 3 月 1 日，美国在太平洋上的比基尼岛上爆炸了一颗被称为"氢铀弹"的氢弹，它所产生的威力相当于 1500 万吨 TNT 炸药。同时也使人们看到了热核聚变反应所潜在的巨大能量。原来，除了重核分裂能释放巨大的能量以外，轻核聚合成较重的核，也能放出巨大的能量。

氢的三种同位素中，最普通的叫做氢气，水就是由它和氧组成的。但它最难发生聚变，这是因为它的核只有一个质子，没有中子。

因为氘和氚比氢容易发生聚变，所以被选中做核聚变的材料。在自然界中，氘的含量很丰富。氘存在于数量巨大的海水中。经过计算可知，1 升海水所含的氘聚变后所放出的能量，大致相当于燃烧 300 升汽油。1 克氘所产生的能量，可达 350 兆焦耳，相当于 1 万升石油燃烧所放出的能量。在海洋里大约含有 35 万亿吨氘，这些氘的聚变反应所放出的能量，可以供人类使用一二百亿年。氘燃料的优越性不仅表现在它的蕴藏量极其丰富，而且不用钻井，不用开矿，提取十分方便。

二、劳森条件与激光压缩

氘既然宜于核聚变，而且有许多铀所不能比拟的优点，为什么人们迟迟不能利用呢？这不得不从核聚变所需的条件谈起。由于原子核带正电，核与核之间有静电库仑斥力，不易靠近，所以必须设法克服库仑斥力，才可能发生聚变反应。通常的氢弹爆炸，就是利用装在它里面的一颗小原子弹作为引信，在原子弹爆炸的瞬间产生的几千万度的高温，使聚变燃料核的热能增大而解决的。点燃核聚变反应所需的高温，通常叫做"点火温度"，由于这个温度为几千万摄氏度到 1 亿摄氏度以上，所以通常把核聚变反应称之为热核聚变。

聚变反应点火后，要想使它顺利地"燃烧"下去，就必须有两个条件：一是核燃料一定要达到规定的密度；二是要将该密度维持到足够的时间。若满足不了一定的密度，即使反应点燃了也可能"灭"火。而密度维持的时间太短则反应也维持不下去。著名的核物理学家劳森提出，要使聚变反应维持下去，核燃料的密度和维持该密度的约束时间的乘积应大于 10^{14} 秒/厘米^3，即著名的"劳森条件"，由此条件可见，若密度低了，约束的时间就要长；反过来约束的时间短了，密度就要提高。

目前比较实用的能达到劳森条件的装置有两大类。一种是托卡马克设计的一种环形腔，能使氘、氚经高温而变成的等离子体，绕着磁感线在环形腔内转圈子，即所谓的"磁力约束方法"。使用这种装置目前主要有英国的卡拉姆实验室。我国于 1984 年 11 月建成启动的"中国环流器一号"、日本建造的 4000 吨的巨大的环形核聚变实验堆均属此类。这种装置复杂，庞大，昂贵又不安全，尤其是"点火温度"还差得尚远。

另一种是利用高能脉冲激光聚焦，在直径百分之几到千分之几毫米范围内，产生几百万度的高温、几百万个大气压和每平方厘米几千万伏的强电场，以达到劳森条件，这种原理被称之为"惯性约束方法"。目前法国里梅尔的"太阳神"激光系统水平比较高。美国里弗莫尔国家实验室的"诺瓦"系统，我国上海光机所的"神光"系统，都属同一类型。

由于单束激光聚焦最高只能产生几百万至几千万个大气压的光压力，因此需要利用多束高能脉冲激光同时向心照射压缩靶丸，才能实现聚变点火。

在激光向心照射的惯性约束聚变中，直径仅为数毫米的混合燃料球形靶丸，在十亿分之几秒内，辐射出几百万焦耳的能量，在加热面形成热等离子包膜；包膜降压时因反冲造成中心压缩；此时中心点火温度达到一亿度；点火后产生聚变反应，靶丸通过辐射出的 α 粒子被加热到所需温度，产生燃烧，放出几亿焦耳的能量，采用工程技术，把这种热能转变为可供人们使用的电能，就实现了核聚变发电的目的。

三、大国的竞争

近儿年来，大型激光器的发展，为惯性约束实现核聚变的研究展示了乐观的前景，各国竞相投资进行研究开发。

日本和美国对惯性约束研究已开展很久。华盛顿能源部曾对托卡马克磁约束系统的可能性及其发展前景提出怀疑。为此专门成立了一个工作组，对磁性约束和惯性约束两种聚变方法进行评估。结果令人失望，结论是：聚变对能源开发有巨大的潜力，但就目前人们的认识水平而言，还无法对磁性约束和惯性约束作出选择，为减少技术风险，应同时开展对两者的研究。

上述结论，将磁力约束与惯性约束放到了同一位置上。鉴于长期以来，人们对磁性约束作了很多试验，取得了较大的进展，始终保持领先地位。此外由于工艺、技术、财政预算及工业方面的原因和激光器发展的限制等，即使上述结论也使人明显感到惯性约束略占优势。所以聚变政策顾问委员会已建议开展国际合作和大学研究，以期打破各自为政的局面。1988 年 10 月，各国从事这一研究的科学家联合签署了一份《马德里宣言》，指出惯性约束可行性的问题已经解决。

欧洲已提出了它的战略目标。1990 年 11 月，欧共体发表了一份聚变研究报告，报告提出，在磁性约束面临困难之际，开展惯性约束研究正是时机。法国将是开展这项研究最理想的国家，因为它拥有多种不同的大功率激光装置和一批竞争力很强的科学家。日本大阪大学在"金钢"计划的"激光－XI"系统上，已获得了 600 倍液体密度的高压缩比，为核聚变的"得失相当"创造了条件。

　　美国国家科学院和聚变政策顾问委员会，建议美国从 1994 年开始建造能产生 2 兆焦耳级的蓝光脉冲中间激光系统，这种激光系统如利用现有的"诺瓦"激光器，成本估计为 4 亿美元。要建成"诺瓦"的升级系统、10 兆焦耳的"雅典娜"系统，工程费用约为 7.5 亿美元。如果试验顺利，从 2021 年将开始建造演示反应堆，至 2025 年发电，2040 年开始进入国际贸易市场。辐射源既可是激光，也可以是离子束。要实现这一战略目标，需要投入大量的资金，耗费整整一代人的心血。如得以实现，其意义将远远超出众所周知的人类首次登月的壮举。

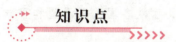

知识点

氢　弹

　　氢弹是利用原子弹爆炸的能量点燃氢的同位素氘等轻原子核的聚变反应瞬时释放出巨大能量的核武器。又称聚变弹、热核弹、热核武器。氢弹的杀伤破坏因素与原子弹相同，但威力比原子弹大得多。原子弹的威力通常为几百至几万吨级 TNT 当量，氢弹的威力则可大至几千万吨级 TNT 当量。还可通过设计增强或减弱其某些杀伤破坏因素，其战术技术性能比原子弹更好，用途也更广泛。

延伸阅读

欧共体成立的原因

欧洲共同体，是西欧国家推行欧洲经济、政治一体化，并具有一定超国家机制和职能的国际组织。欧共体是欧洲煤钢共同体、欧洲原子能共同体和欧洲经济共同体的总称。又称欧洲共同市场，简称欧共体（European Communities）。欧洲共同体建立的原因如下：

（1）西欧有着共同的文化遗产和心理认同感，经济发展水平相近，曾经是世界上最先进的地区，具备一定的联合基础。

（2）近代以来，各国冲突和战争连绵不断，西欧各国人民渴望和平和统一。

（3）二战后西欧地位一落千丈，受到苏美两个超级大国的威胁和控制。

（4）西欧有识之士认识到，只有消除仇恨和战争，走联合发展道路，最终实现欧洲的统一，才能重塑昔日辉煌。

（5）西欧两个宿敌法德和解，为欧洲联合奠定了基础。

激光与光能飞船

一、RPI 的设想

雷塞拉综合技术研究所的研究人员相信总有一天，人类可能会用太阳能激光束代替化学燃料发射宇宙飞船。因为在美国国家航空和航天管理局，以及宇宙空间研究协会的联合资助下，他们正在研究阿波罗光能飞船。与传统的理解有所区别的是，这里所说的"光"指的是激光束。

激光推动光能飞船设计思想的核心，是采用了一种可变换工作模式的吸气式复合循环发动机。由于可变换工作模式，所以它可以在大气层或太空中以亚音速、超音速、达到宇宙速度等情况下工作。

复合循环发动机是依靠激光束来提供能量进行工作的，激光束来自卫星基地的太阳能工作站，这个工作站把太阳能转换为红外线或激光能。根据RPI的莱卡迈拉博士说，以遥控激光束为动力的宇宙飞船与传统的使用化学燃料的火箭发动机相比，主要潜在的优势有三点：一是实际发射的价格降低；二是安全可靠；三是由于这种飞船的能量几乎全部由外界提供，所以实用的有效载荷可达它的发射重量的10%~30%。而传统的化学燃料火箭的有效载荷与发射重量比仅为0.1%~0.2%。

二、构思奇特的"阿波罗"

一艘完整的阿波罗光能飞船，基本上由激光驱动发动机构成，但与传统的飞船系统不同的是，发动机的外形大大压缩，有效负载占据内部空间。在宇宙飞船中心部分的舱罩外，围绕着一圈初级透镜，在透镜的表面有一组特殊的定位器接收激光束。初级透镜下是一组二级透镜，每一件二级透镜都将反射光束聚光在一组二级透镜上，然后两级透镜依次射出直径为2厘米的激光束，横穿过柱形喷管的表面。利用逆韧致辐射吸收原理，将激光能传输到空气中，产生"等离子体"指状物。然后，这种等离子体指状物的冲击波扩展遍及柱形喷管，冲击表面产生推力。

这种被称之为"复合循环发动机"的新型动力装置，在亚音速飞行阶段，是以转缸式爆震波发动机模式工作的；在以5~6马赫的超音速飞行时，则以超音速冲压式喷气发动机模式工作；在以11马赫以上的速度飞行时，则又以磁流体动力涡扇发动机模式工作；当以25马赫以上速度飞行时，则又进入了火箭模式工作，最终将载荷送入预定轨道。光能飞船要携带低温氧以及少量致冷剂作为备用。然而，这仅相当于起飞总量的5%~10%，与传统的推动运载

火箭或航空航天飞机所需携带的燃料相比，相差甚远。

近年来正在计划设计的这种无人驾驶光能飞船的技术演示器，在 2010 年前进行试验。在该试验中，激光束不是来自轨道太阳能工作站，是来自地面站的激光发射装置。其中大多数硬件来自现有的火箭混合结构和高能量激光反射镜技术，如"星球大战"的发射望远镜、反射镜等。

如果试制成功，那么在 21 世纪，人们将研究一人乘坐的水星号、双人座的双子星号或五人座的阿波罗号光能飞船。所以选择这些名字，是因为这些飞船与当初开拓美国太空计划时所用的宇宙舱很相似的缘故。

三、首次获得成功的激光能动力试验

首次实现了以激光能为动力的载荷推动试验，是在水中进行的，日本的科学家利用激光光能推动了水中的船舶。日本科学技术厅航空宇宙技术研究所与大阪府立大学的专家利用激光加热膨胀的气体喷射所得到的能量，使水中的模型船行驶的试验获得了成功。激光推进技术在理论方面的研究一直在进行，但在实验室获得成功还是首次。此项成果最终可望在人造卫星之类的宇宙领域得到应用。

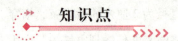 知识点

宇宙飞船

宇宙飞船，是一种运送航天员、货物到达太空并安全返回的一次性使用的航天器。它能基本保证航天员在太空短期生活并进行一定的工作。它的运行时间一般是几天到半个月，一般乘 2~3 名航天员。

延伸阅读

航天器飞出太阳系的宇宙速度

物体达到 11.2 千米/秒的运动速度时能摆脱地球引力的束缚。在摆脱地球束缚的过程中，在地球引力的作用下它并不是直线飞离地球，而是按抛物线飞行。脱离地球引力后在太阳引力作用下绕太阳运行。若要摆脱太阳引力的束缚飞出太阳系，物体的运动速度必须达到 16.7 千米/秒。那时将按双曲线轨迹飞离地球，而相对太阳来说它将沿抛物线飞离太阳。

人类的航天活动，并不是一味地要逃离地球。特别是当前的应用航天器，需要绕地球飞行，即让航天器做圆周运动。我们知道，必须始终有一个与离心力大小相等，方向相反的力作用在航天器上。在这里，我们正好可以利用地球的引力。因为地球对物体的引力，正好与物体做曲线运动的离心力方向相反。经过计算，在地面上，物体的运动速度达到 7.9 千米/秒时，这个速度被称为环绕速度。

上述使物体绕地球做圆周运动的速度被称为第一宇宙速度；摆脱地球引力束缚，飞离地球的速度叫第二宇宙速度；而摆脱太阳引力束缚，飞出太阳系的速度叫第三宇宙速度。根据万有引力定律，两个物体之间引力的大小与它们的距离平方成反比。因此，物体离地球中心的距离不同，其环绕速度（第一宇宙速度）和脱离速度（第二宇宙速度）有不同的数值。第一宇宙速度是 7.9 千米/秒，这样可以绕轨道飞行；第二宇宙速度是 11.2 千米/秒，可以冲出地球的束缚；第三宇宙速度是 16.7 千米/秒，这样可以飞出太阳系。

激光武器概述
JIGUANG WUQI GAISHU

激光武器是一种利用沿一定方向发射的激光束攻击目标的定向能武器，具有快速、灵活、精确和抗电磁干扰等优异性能，在光电对抗、防空和战略防御中可发挥独特作用。它分为战术激光武器和战略激光武器两种。它将是一种常规威慑力量。由于激光武器的速度是光速，因此在使用时一般不需要提前量，但因激光

"死光"——激光武器

易受天气的影响，所以时至今日激光武器也没有得到普及。当初激光用作武器最基本的原理，就是基于它的热效应。如果把一束高功率激光，用光学系统聚焦到一小块金属上，就足以达到每平方厘米数百万瓦的光功率密度，从而使任何金属熔化。就像在钢尺上打洞一样，给敌方的人员、武器、装备造成伤亡和损毁，因此激光又有"死光"之称。

漫谈激光制导武器

一、激光造"光篮"

战争对各种武器系统的最基本的要求就是要"准"。因此，无论哪一种先进的科学技术问世，只要有可能总是要被研究人员利用到精密制导领域试用一番，致使有线制导、电视制导、图像匹配制导、红外成像制导、毫米波制导和激光制导纷纷出笼，各显神通。但综合制导武器的经济性及作战能力，以及当前的科技工业水平诸方面去权衡，则激光武器明显地处于领先的地位。因为它的结构简单、对信息处理系统要求比较低、价格便宜，所以使得激光制导武器在诸多的精密制导武器中一枝独秀。

经过数十年的探索研究和发展，激光制导武器已出现了全主动式、半主动式，以及波束制导、复合制导等制导方式。

全主动式激光制导，就是在同一导弹或炸弹的弹体，既能主动地发射激光束照射目标，又能同时捕获、跟踪目标反射回来的信号。虽然这一方案具有"发射后就不用管了"的优点，但由于激光的方向性好、波束窄，必须大大展宽波束才能满足上述需要，而展宽波束就意味着要加大激光器的功率，这在技术上比较复杂，仅把一台完整的大功率激光器搬到弹体内就是一件很大的工程。所以这一激光制导方式目前进展不大。

波束激光制导，又称"驾束制导"，顾名思义，就是让导弹骑着光束运行，直至命中目标。

半主动式激光制导，是由激光指示器找到目标，弹上的导引头接收从目标漫反射回来的激光能量，修正弹道，直至命中目标。

由于半主动式激光制导目标的指示和寻找的装置是分开的，具有设计灵活、适应各种搭载、技术简便、可靠性高等优点，近年来发展很快，技术上也日臻成熟。海湾战争中所使用的激光制导导弹、炸弹大都是采用半主动式激光制导。

半主动式激光制导中的一项关键技术，就是目标指示器。其作用如同打篮球，运动员的目的就是要把篮球投入篮筐内，目标指示器就是在形态各异的物体中，划出一个"篮筐"，以便使导弹或炸弹有一个落点。由于这个"篮筐"是用激光"造"出来的，所以经常被通俗地称之为"光篮"。

"光篮"的质量如何，直接影响到制导的精度。如果"光篮"的面积过大，就失去了精确制导的意义；如果"光篮"的面积过小，其漫反射波就很难让导引头感知，造成制导失败。

同样，敌方也可以用激光造出许多假"光篮"来干扰和迷惑攻击者，如同球场上的篮筐多了，就会使运动员无所适从，不知投到哪一个篮筐中一样。这样就提出了一个抗干扰"光篮"问题。随着微电子技术的发展，目前的"光篮"普遍采用了编码技术，这种编码敌方很难破译，与可解码的导弹或炸弹的导引头相配合，就能保证区分真假目标，使制导全程万无一失。

目前用于制造"光篮"的激光目标指示器种类繁多，其中，使用得较多、技术上也比较成熟的是发射 1.06 微米的近红外激光的激光器，它只能在良好的气候条件下工作，所以近年来，一些国家采用一种穿透率较强的二氧化碳激光器，以提高不良气候条件下的制导能力。

激光目标指示器，可以装在距目标一定距离的地面平台下，通常用于激光制导炮弹的引导。目前大多数目标指示器都安装在飞机上，装在飞机上的目标指示器，靠机上的稳定和跟踪系统，使激光发射源射出的光束，始终对准被攻击的目标，为导弹或炸弹提供一个稳定、清晰、可靠的"光篮"。

飞机上的激光目标指示器，可以装在机舱内，也可以吊在机身外部。目前大多数技术先进的国家都趋向于发展飞行吊舱。吊舱采用模块化设计，具有可以适用于不同类型的飞机、不改变机舱内部的设计、不占用机内空间等优点，而且便于维修，很有发展前途。实用的飞行吊舱常常与其他光电系统一起组成复合系统，如马丁马里塔公司为 F-15E 飞机能在夜间和全天候进行空战而设计制造的夜间低空导航瞄准红外系统，该系统的导航与瞄准吊舱均使用前视红外传感器。而瞄准吊舱还包括激光目标指示器和激光测距仪。

在海湾战争中广泛使用的，还有由洛拉尔航空部制造的 AN/AVQ—26 "铺路小钉"系统。该系统是第一种第二代夜间攻击系统，将前视红外传感器与激光目标指示器相结合，放在一个外吊舱中，装在飞机的中心线上，可使 F－111 飞机自动导航，捕获目标，投掷武器。

马丁马里塔公司还为 A－10A、F－16 和 A－4 飞机制造了一种被称之为"铺路辨士"的系统，其主要功能就是提供一种昼夜激光目标指示功能。该公司为 AH－64A 阿帕奇武装直升机制造的目标捕获和指示瞄准器、领航员夜视系统，也包括了前视红外传感器、电视、激光测距和目标指示、激光现场跟踪等功能，使 AH－64A 阿帕奇直升机的攻击性能成倍提高，成了坦克的克星，海湾一战名声大振。

二、投向"光篮"的炸弹

常规的炸弹是由引信、弹体和尾翼组成的，由飞机投掷，其特点是一经掷出，即成为平抛落体，受投掷时的初速、角度、高度以及大气温度、湿度、风速的影响都比较大，误差一般在数十米甚至上百米。而用激光制导的炸弹，则是在普通炸弹上安装了一个导引头，以及可由执行机构操纵的活动尾翼以及电源、操纵机构等。导引头是激光制导武器的一个重要组成部分，其作用类似于人的眼睛，用以搜索、鉴别、捕获、锁定和跟踪目标指示器所造出的"光篮"。

激光导引头与制导炸弹的弹体结合起来，实际上就构成了一架滑翔飞机，按导引头给定的信号，不断地调整飞行的方向，直

激光制导炮弹

至命中目标，如海湾战争中 F－117 飞机投掷的 GBU－24 型激光制导滑翔炸弹，就是"宝石路"激光制导炸弹系列的一种。此外，海湾战争初期，电视观众所看到精确地命中伊拉克钢筋混凝土弹药库大门的激光制导炸弹，则是由美国得克萨斯仪器公司制造的"铺路 1 号"。就在这种炸弹令人震惊地初次登场后不久，美国空军就又签订了再次购买同型号激光制导炸弹的采购合同。

MK20"石眼"激光制导集束炸弹，质量为 225 千克，内装有 247 枚小炸弹。弹头除激光寻的装置外，另有激光测距装置，可预先设定撒播高度，是大面积压制集群目标的首选弹种。

与激光制导炸弹联合使用的是激光目标指示器，它可以和激光制导炸弹同一个载机，也可以由一架飞机负责用激光照射目标、划出"光篮"，另一架飞机投掷制导炸弹，甚至可以由地面派出车辆或步兵照射目标，飞机只管"投后就走"，所以使用起来非常灵活。这种激光制导的滑翔炸弹命中率非常高，只要"光篮"质量有保证，那么"百发百中"是没有问题的，可谓是"点到为死"，一点不假。

与空中投掷的激光制导炸弹的原理相仿，还有一种用普通大炮发射的激光导向炮弹，目前技术比较成熟的是美军"铜斑蛇"激光导向炮弹，这种炮弹由自行火炮或榴弹炮发射，由地面或空中发射激光，精度与飞机投掷的激光制导滑翔炸弹相似。据报道，一些国家还在研制利用 120 毫米迫击炮弹来发射激光导向炮弹。由于迫击炮弹道弯曲，在炮弹下降阶段与飞机投掷的情况极为相似，所以特别适合攻击装甲车辆、坦克的顶部，有人甚至预言，在未来的地面战争中，迫击炮很可能会成为地面部队反坦克的主力兵器。

三、直奔"光篮"的导弹

炸弹与导弹的最大区别，就在于炸弹本身没有发动机，它不能持续水平飞行或爬高，全凭下滑阶段的空气动力特性来保证导向，因而只适用于攻击地面固定目标或运动缓慢的目标。而导弹则自己本身装有发动机，既可以下滑，又可以爬高，就像一架无人驾驶的小型飞机一样，能做各种飞行动作，以保证准确地跟踪目标，直至击毁。通俗地讲，炸弹是"投"进"光篮"的，而导弹则是自己"奔"向"光篮"的。所以导弹多用于攻击运动的目标。

既然导弹有这么多的优点，那么为什么不都制造成导弹，还要那些制导炸弹干什么呢？原来，导弹也有缺点，其中弹体质量不能过重就是其中之一，还有技术复杂，成本太高等原因，限制了导弹的发展。而制导炸弹则有许多长处，最显著的就是自身重量在理论上没有限制。如海湾战争中美军使用的一种用于攻击地下

激光制导导弹

掩体的制导炸弹，就重达 2000 磅（约 1 吨重）以上，而这个重量用一般的导弹发动机无论如何也是难以推动爬升的。

激光制导导弹已交付部队使用的型号比较多。同激光制导炸弹一样，也有全主动式、半主动式和驾束制导等制导形式之分。全主动式激光制导导弹迄今未见有成熟的产品供实战选择，其他几种均在战场亮过相，效果都十分理想。

坦克克星"地狱火"。美军 AH－64 阿帕奇攻击直升机专门用来攻击坦克和装甲部队。机上配有用于夜战的夜视装备，可以全天候作战。机身两侧短翼可悬挂 16 枚"地狱火"激光制导导弹。这种导弹使用由马丁马里塔公司研制的激光制导系统，是一种半自动制导的第二代反坦克导弹。整个武器系统由导弹、激光指示器和机载发射系统组成，弹长 1.8 米，弹径 18 厘米，弹重 43 千克，水平有效射程为 6.4 千米，最大射程为 9.6 千米（发射高度不详）。弹头战斗部装有高能炸药，破甲厚度可达 400 毫米，足以穿透当今世界上各种型号的坦克装甲。在机载发射时可有两种方式供选择：一种是直接瞄准发射，即由载机上的激光指示器瞄准目标后，发射激光束跟踪目标，这样目标就成了一只供导弹投射的"光篮"。然后发射"地狱火"导弹，当导弹上的导引头接收到

"光篮"的信号后便自动锁定，紧紧跟踪，直至将目标击毁。另一种方式就是间接瞄准发射，即由地面或支援飞机上的激光发射器照射目标，载导弹的直升机只要进入导弹射程之内，大略瞄准目标所在的方向即可发射，发射后的导弹在初始阶段靠惯性制导系统飞行，一旦接收到"光篮"的信号后即自动转入激光制导控制，直至摧毁目标。由于目标指示器所照射的目标都是经过编码的，正如球篮的编号一样，借助于微电脑技术，导弹在批量同时发射后，能自动分辨、协调相互间的任务，以发挥最大的战斗效能，防止几枚导弹同时挤向一个"光篮"的情况发生。采用这种方式时，射手不必看见目标即可发射。而载导弹的直升机在发射导弹后，即可从容打道回府，非常安全。

多用途的 AS – 30L 激光制导导弹。这种导弹由法国航天公司制造，弹头重 240 千克，导弹总重 520 千克，可以碰撞触发或延时触发起爆，通常在 3000 ~ 6000 米高度发射，有效射程为 10 千米，这为载机提供了不受被攻击地点高射炮与地空导弹威胁的良好间距。AS – 30L 的飞行速度约为 1.3 马赫，并维持此速度一直到弹着时，误差为 0.5 米，可见其精度是非常高的。它在整个超声飞行过程中，由四个电磁操纵的喷气偏转器提供高度的机动性，必要时在最后一刻也能改变导弹飞行的方向。这种导弹可以攻击机场、桥梁、建筑和油轮等目标。在海湾战争期间，AS – 30L 装在"美洲虎"飞机的右翼下。法国汤姆逊无线电公司生产的 Atlis 吊舱，为 AS – 30L 进行目标捕获、自动跟踪和激光标示。吊舱挂在"美洲虎"飞机机腹的中心线上。吊舱与众不同之处是其具有放大特性。飞行员通常在 20 千米之外就开始通过吊舱观察目标，使得飞行员有充裕时间选择攻击方案。AS – 30L 采用发射后锁定的方式操作，这使飞机较难为敌方探测，导弹向着目标概略瞄准后即可发射。发射后，AS – 30L 吊舱的激光标示器便开始为 AS – 30L 的终段制导标出"光篮"，引导导弹击中目标。

复合制导的"小牛"激光制导导弹。出于提高导弹的可靠性，以及政治上、心理上的众多原因，在许多导弹下都采用了复合制导技术。美国休斯公司和雷声公司研制的"小牛"AGM – 65E 是高命中率半主动式激光制导导弹，

"小牛"导弹使用了多种传感器来获取导引信号，导弹前端装有摄像、激光和红外成像自动导引头，依据攻击目标的情况，既可以选用其中的一种，也可以几种联合使用，以实现复合制导。在导弹飞往目标途中，成像信号以无线电波的形式传输到飞机上，一方面可为驾驶员提供操纵信息，另一方面可以自动接通机上的录像装置，把自导弹发射到击中目标前的全过程都记录下来，以分析和评估作战效能，甚至到地方电视台播放，就如同美军在海湾战争中的做法一样，以收到震撼社会的效果。由于"小牛"的精度和可靠性都比较高，所以在海湾战争中被誉为"一试就灵"的导弹。

远距离奔袭的"斯拉姆"。目前各种导引头都采用模块化设计，所以很容易移植到其他弹体上使用。如"小牛"导弹下的红外自动引导头和激光寻的导头，都可以部署在麦道公司生产的远距离投射空地导弹"斯拉姆"上。"斯拉姆"是新一代精确制导导弹，它的射程可达 100 千米以上。在发射后可按全球定位卫星提供的定位信号自动奔向目标，当到达目标一定距离后，红外自动导引头就开始工作，并向载机传输图像信号。使用者可从导弹传回的图像信号中观察，并用操纵杆进行控制。当操纵者确定攻击目标后，即将导弹锁定，导弹自动向被锁定的目标奔去。如同时采用激光制导方案时，就成为了一枚复合制导导弹，直至命中目标。

在海湾战争中，美军曾利用这种导弹攻击伊拉克的一座水力发电厂。这次攻击要求的精度非常高，即要击毁发电站，又不能损伤大坝，还要防止伊拉克的地面强大的防空力量，所以选用了导弹来担此重任。攻击时，美军飞机位于 90 千米外的远距离，以 2 分钟的间隔时间连续发射了 2 枚"斯拉姆"。第一枚在发电厂的护墙上炸开了一个大洞，而第二枚则沿同一路径前行，最后在另一架飞机的激光引导下，十分精确地穿洞而过，进入发电机房，彻底摧毁了这座电站。同理，激光导引头也可以很方便地移植到其他型号的导弹上使用。

光纤控制的"陶"式导弹。有线制导是人们最早想到和投入实战的导弹之一；我国的"红箭–73"、苏联的"赛格尔"、联邦德国的"眼镜蛇"、法国的"安塔克"等反坦克导弹均采用有线制导方式。在此基础上，又发展起来了采用

目视瞄准、红外半自动跟踪、有线传输指令的第二代有线制导导弹，如美国的"陶"式，法、德合制的"米兰"、"霍特"等反坦克导弹。这种导弹的优点是设备简单、不易受敌人干扰、信号传输可靠、命中率高等。其缺点是攻击距离受导线的限制，此外受地形影响也比较大，限制了其发展。随着激光和光纤技术的出现和发展，给有线制导的导弹也注入了新的生机。与普通导线相比，光纤具有传输信号容量大、速度高、质量轻、抗拉性强、抗干扰能力强等优点。

尽管激光制导武器经过实战，获得了极大的成功，但存在的缺点也暴露无遗：一是受天气和战场条件影响较大，不能全天候工作。激光在大雪、浓雾条件下传输很困难，在小雨条件下每传输1千米也要有65%的损耗，传输5千米后，激光能量就只剩下原来的1.8%了。同理，战场上不可避免的硝烟、尘埃也严重影响激光的正常传输。这就大大限制了激光制导武器的作用距离和适用条件。二是目前大量投入战场使用的半主动式和驾波束式激光制导武器，在导弹、炸弹飞向目标的过程中，仍需激光目标指示器连续不断地照射目标，这就使地面的观察人员和空中指示的飞机较长时间地暴露在敌火力之下，从而降低了生存能力。三是激光光束狭窄，搜索能力差，所以激光制导目前还只能补充或部分取代原有制导系统。这也是趋向于发展复合制导的一个重要原因。

知识点

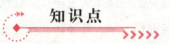

蘑菇云

蘑菇云又名蕈状云，指的是由于爆炸而产生的强大的爆炸云，形状类似于蘑菇，上头大，下面小，由此而得名。云里面可能有浓烟、火焰和杂物，现代一般特指原子弹或者氢弹等核武器爆炸后形成的云。火山爆发或天体撞击也可能生成天然蘑菇云。

延伸阅读

海湾战争

1991 年 1 月 17 日~2 月 28 日，以美国为首的多国联盟在联合国安理会授权下，为恢复科威特领土完整而对伊拉克进行的局部战争即海湾战争。1990年 8 月 2 日，伊拉克军队入侵科威特，推翻科威特政府并宣布吞并科威特。以美国为首的多国部队在取得联合国授权后，于 1991 年 1 月 16 日开始对科威特和伊拉克境内的伊拉克军队发动军事进攻，主要战斗包括历时 42 天的空袭，在伊拉克、科威特和沙特阿拉伯边境地带展开的历时 100 小时的陆战。多国部队以较小的代价取得了决定性胜利，重创伊拉克军队。伊拉克最终接受联合国660 号决议，并从科威特撤军。

海湾战争是世界两极体系瓦解、冷战结束后的第一场大规模局部战争。它深刻地反映了世界在向新格局过渡时各种矛盾的变化，是这些矛盾局部激化的结果。

漫谈激光测距

一、非凡的"光尺"

人们在测量长度及距离时，往往离不开尺子。但测量的两点之间有障碍物，或是测量的对象比较特殊，如云层、人造卫星等，普通的尺子就无能为力了。

在激光测距仪出现之前，性能最好的是光学测距仪和微波测距仪，我们不

妨作个比较，就可以看出激光测距的优越性。

第一，激光测距的精度高。一般光学测距仪的测距误差取决于操作手的目视误差和观察条件。操作手的目视误差与操作手的经验有关，而观察条件与能见度、目标轮廓的清晰度等有关。误差还随被测距离的增大而增大，例如观察 5 千米的目标，误差往往能达 30～50 米，甚至更大。激光测距的精度与操作者的经验和被测距离无关，误差取决于仪器的精度。军用测距仪早期产品的误差，10 千米一般在 10 米以内，近期产品均在 5 米以内。用科学实验的测距仪精度更高，以月球测距为例，由于月球上安放有角反射器（合作目标），最好的记录是 384 401 千米，误差仅 10 厘米！美国国家航空航天局在太空登月计划中，用激光对卫星进行精密测轨，精度已达 ±4 厘米。日本用于预防地震的长距离测距系统，全程 84 千米误差竟能小于 1 毫米。

第二，激光测距操作简便，速度快。激光测距仪只要瞄准了目标，按下按钮，几秒钟数据便可显示出来，而一般光学测距仪测一个数据则需几分钟。

第三，激光测距仪的体积小、重量轻，已装备的激光测距仪，重量一般为数千克左右，最小的只有 0.36 千克，体积只有香烟盒那么大。由于激光频率高，所以可以不用巨大的天线就可以发射极窄的光束。如束散角为 1/2 毫弧度的红宝石激光，只需直径 7.62 厘米的光学天线；而对微波来说，要想得到同样的散角，其天线直径需 305 米，真是不比不知道，一比吓一跳！

第四，激光测距仪的抗干扰能力比较强。如普通光学测距，对于背着阳光的暗处或在夜晚，特别是距离比较远的时候，几乎不可能工作。但激光由于其亮度高，方向性好，就可很好地解决这一问题。微波测距，因其波长比激光长千倍以上，波束宽，因而易受电磁干扰和地波干扰。而激光测距则由于其波长短、波束窄，所以抗干扰性能好、测得精、测得远，是一把性能优异的"光尺"。

激光测距仪，有脉冲测距和连续波测距之分。目前军用的大部分是脉冲激光测距仪。

二、"光尺"的刻度——时标

尺子要有刻度，不然就无法读出测量数据；激光测距仪也有"刻度"，这就是时标振荡器所产生的时标。

我们大都有过这样的体验：当走进山谷大喊一声后，就会听到一连串的回声，这是由于声音的反射造成的。如果我们能知道回声是哪座山反射回来的，并记录了当你喊出声音到又听到回声的时间，那么就可以很容易地计算出站立点到反射点间的距离。为便于计算，我们取声音在空气中的传播速度为每秒钟340米，假设我们记录的时间是4秒钟，那么声波在4秒钟内行走的距离就是 $340 \times 4 = 1360$（米），由于这1360米是往返一个来回的距离，所以其二分之一，即680米就是两点间的距离。

激光测距的原理与声波测距的道理差不多，只是更精确，更先进罢了。

激光对准目标发射后，当其碰到目标后就被反射，其中沿原路返回的激光被专门的接收器接收，与此同时测出激光往返的时间，便可计算出距离。

已知光速 c 为每秒钟30万千米，往返时间为 T，那么待测目标距离 L 就是：

$$L = 1/2\,cT$$

上面的公式从理论上讲是非常正确的，但实际上未必能行得通，为什么呢？因为光速非常快，如果我们测量的目标是较短的距离，则往返时间用普通钟表是无法计算的。为此，科学家们想出了一个好办法：就是设计了一种叫"时钟振荡器"的专门装置，它能产生时间标准频率固定的电脉冲振荡。如每秒产生振荡脉冲的个数为30兆个，那么光在每个脉冲时间内就能走10米。这样就可以不用记录时间，而只要数出从激光脉冲发出到反射回来脉冲的个数，就可以计算出距离了。我们还以时标振荡频率为30兆赫为例，说明计数测距的整个过程：

测距仪的激光一发射，发射光就分成了两部分：绝大部分是朝着待测的目标奔去，少部分作为参考脉冲信号直接到了计数器，并把计数器的"门"打开，控制计数器开始计数；当光从目标返回测距仪的接收器时，就迅速将计数器的"门"关闭，控制计数器停止计数。计数器这时数出的脉冲个数假设为

1000 个，那么单程所用的只有其 1/2，即 500 个。时标振荡频率为 30 兆赫时，每个脉冲期光波能走 10 米，很简单，10 × 500 = 5000（米）。这时，测距仪就会把计算的结果显示出来了。

时标振荡器的振荡频率，即时标，就犹如普通尺子上面的刻度一样，是读出距离的依据。同理，刻度的划分确定着测量的精度，军用激光测距仪的振荡频率基本上是固定的，有每秒 30 兆、75 兆、150 兆个等，与其相对应的测量显示精度也就是 5 米、2 米、1 米等。从以上数据我们可知，军用激光测距仪的时标振荡频率目前最高水平为 150 兆赫，因此脉冲激光测距精度最高也就是 1 米，通常称为米数量级。

当然，激光测距仪目前最好的已达到毫米级，但只是供少数科研部门使用。作为军用，一般在 5 米级就已经是相当精确的了。

三、"光尺"的构造及功能

一般的激光测距仪都由激光发射、接收系统，计数显示系统，观察瞄准系统和电源及辅助系统几大部分构成。

激光发射系统的核心是激光器，激光器质量的好坏直接影响测距仪的工作效果。军用测距仪多用固体激光器，但红宝石激光由于光束为红色可见，保密性差，而较为少见。常用的是钇铝石榴石、钕玻璃、掺钕铝酸钇晶体等激光器。为了减小激光器的体积，军用测距仪大都采用了精良的望远发射系统，以使光能更集中，方向性更好，光束射得更远，这样还能使目标反射的回波能量增强，以提高接收灵敏度。采用脉冲测距方式工作的测距仪，则需根据不同的测距对象，选用相应的调 Q 技术。如远程地炮测距，要求脉冲频率低（每秒 10 次以下），脉冲能量大（峰值功率可达兆瓦级）。而对飞机、导弹一类高速飞行的物体，则需较高的脉冲重复频率，或干脆使用连续波测量，但连续波测量的技术条件要求严，成本高，不易普及。激光接收系统则是发射系统的逆过程，所不同的是在发射系统中激光器的位置上安装了一个光电转换元件。所以一般的激光测距仪都有两套光学望远天线，一套用于发射，另一套用于接收。

也有采用一种电脑编码脉冲激光测距的，它可以发射、接收共用一套光学天线。因为激光束经过长距离的传播，又经目标漫反射，实际沿原路返回的光能极为微弱，必须利用专门的光学系统，将大面积的回波光能集中起来，以提高光能密度，然后再通过光敏元件的光—电转换，经电子放大器放大后推动开关和计算电路工作。在接收系统中，光电转换元件是接收系统的关键。常用的是光电倍增管或硅光电二极管。

在接收系统中，一个很重要的指标就是信噪比。当接收系统接收到回波信号后，为了使有用的信号不被噪声信号所淹没，所以必须尽量抑制放大器的内部噪音和外部干扰。为此，放大器通频带应略窄一些，但通频带的宽窄和信噪比是一对矛盾。通频带过窄则会降低信噪比，使信号失真甚至通不过，从而影响到测距精度。所以接收系统应在满足信噪比的要求下，有较高的放大倍数和较窄的通频带宽。

计数显示系统的任务，是通过对来自发射系统的参考脉冲和接收系统的回波脉冲之间的时间测量，进行距离的自动换算并显示出来，整个系统包括时标振荡、脉冲形成电路、门控电路、自动复位电路、计数器、译码器、显示电路等。其中时标振荡器是关键，它对测量精度影响很大。目前多使用非常稳定的石英晶体做振荡器。为了帮助操作者观察和瞄准目标，测距仪还有一具观察瞄准系统，它实际上是一具与激光发射器严格同轴的光学望远系统，把观察镜中的十字线或圆圈瞄准待测目标，打开测距仪，即可测得站立点至目标的距离。为了保障操作者的安全，也有把观察瞄准系统作成潜望镜式的。

激光测距在军事上可以用于地形测量、战场前沿测距，坦克及火炮的测距，测量云层、飞机、导弹以及人造卫星的高度等。

利用激光测距且为火炮射击提供弹道诸元，可以大大提高命中率。第二次世界大战中，一辆中型坦克对距离 1500 米处的静止目标射击，命中率很低；而配备了激光测距和弹道计算机的火控系统后，在上述条件下都能做到首发命中。目前较为先进的坦克和火炮都已装备了激光测距系统。从海湾战争中投入使用的激光测距仪来看，以后的发展有与激光标示、红外成像、火控瞄准系统

综合为一体的趋势，激光测距仪则仅仅是其中的一个模块。

激光测距的主要缺点是不能全天候使用，其作用距离受天气和现场条件（硝烟、尘埃等）影响较大。为适应全天候作战，还需与雷达等其他测距方式配合使用。

知识点

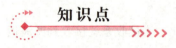

坦　克

坦克，或者称为战车，为现代陆上作战的主要武器，有"陆战之王"之美称，它是一种具有强大的直射火力、高度越野机动性和很强的装甲防护力的履带式装甲战斗车辆，主要执行与对方坦克或其他装甲车辆作战，也可以压制、消灭反坦克武器、摧毁工事、歼灭敌方有生力量。坦克一般装备一门大口径火炮（有些现代坦克的火炮甚至可以发射反坦克/直升机导弹）以及数挺防空（高射）或同轴（并列）机枪。

 延伸阅读

红外热成像仪的工作原理

红外线是一种电磁波，具有与无线电波和可见光一样的本质。红外线的发现是人类对自然认识的一次飞跃。利用某种特殊的电子装置将物体表面的温度分布转换成人眼可见的图像，并以不同颜色显示物体表面温度分布的技术称之为红外热成像技术，这种电子装置称为红外热成像仪。

　　红外热成像仪是利用红外探测器、光学成像物镜和光机扫描系统（目前先进的焦平面技术则省去了光机扫描系统）接受被测目标的红外辐射能量分布图形反映到红外探测器的光敏元上，在光学系统和红外探测器之间，有一个光机扫描机构（焦平面热像仪无此机构）对被测物体的红外热像进行扫描，并聚焦在单元或分光探测器上，由探测器将红外辐射能转换成电信号，经放大处理、转换或标准视频信号通过电视屏或监测器显示红外热像图。这种热像图与物体表面的热分布场相对应；实质上是被测目标物体各部分红外辐射的热像分布图。由于信号非常弱，与可见光图像相比，缺少层次和立体感，因此，在实际动作过程中为更有效地判断被测目标的红外热分布场，常采用一些辅助措施来增加仪器的实用功能，如图像亮度、对比度的控制，实标校正，伪色彩描绘等高线和直方进行数学运算、打印等。

漫谈激光与雷达

一、当代科技的"火眼金睛"

　　雷达的分辨率是与其所使用的频率有着密切关系的。频率越高，分辨率也就越高。分辨率是指在一定距离下分辨前后左右相邻目标的能力。很显然，分辨率越高，雷达的识别能力也就越强。我们不妨用目前性能较好的微波雷达与激光雷达作一比较，就不难发现人们为什么对激光雷达有这么浓厚的兴趣了。微波雷达一

激光雷达

般只能发现高大的建筑物和飞机、轮船等大型的目标，而激光雷达则能识别电线杆、空中电线、烟囱等小障碍物。这种细小的点、线状障碍物，是直升机低空飞行中的大敌。1992 年 11 月 5 日上午 10 时 40 分，一架价值 600 万美元、进口时间不长的苏制直升机，在河南省原阳县城做超低空表演和撒放广告商品时，不幸撞楼坠毁。大火持续了 3 个小时，当场死亡 33 人（含机上 7 人），46 人受伤。事后查明，主要原因是飞机在飞行时碰到了一根突起的钢管上。几年前，美国一家电视台派出的一架小型直升机，在拍摄抢救高层建筑工地遇险者的新闻时，也是旋翼碰到了脚手架下的一根钢管而失事的，整个过程被几架摄像机同时记录了下来。类似的事例不胜枚举，而这个问题用微波雷达是解决不了的。

宇宙飞船在距地面上万千米的太空追逐和交会，必须精确地测定它们之间的相互位置和速度，才能避免碰撞和脱轨。对此使用无线电雷达很难达到要求。而使用激光雷达则能很好地胜任这一工作。据报道，独联体的"和平"号轨道站就采用了精密的激光测距雷达系统，在多达数次的与其他飞船和航天器的对接活动中，发挥了卓越的功效。

提高分辨率的另外一个措施，就是雷达波束发散角要小，以使能量集中。普通微波雷达波束的发散角，通常在 1 度左右，最好的也有几十分之一度。而激光束本来发散角就很小，经校正后可使发散角小到千分之一度。机载微波雷达从 1500 米上空照射到地面，能形成直径约有 26 米的圆，此圆内的地形起伏就很难分辨；但使用激光雷达在同样的高度时，地面光斑直径仅十几厘米，因此可以分辨出地形的细节。

雷达除对分辨率有要求外，抗干扰也是雷达需要解决的一个重要问题，否则分辨率再高也发挥不了作用。如用微波雷达探测地面或低空目标时，回波信号就经常被地面的反射波所淹没，从而出现无法探测的盲区。而使用激光雷达时，由于激光的单色性好、脉冲宽度小、分辨力高，所以可以排除背景或地面杂波的干扰，因而能对超低空目标进行观测，这对于导弹发射初始阶段的观测和掠地飞行巡航导弹的跟踪极为重要。交战双方常会采用释放干扰物或干扰信号的方法来充当假目标。特别是核爆炸，能产生人为的反射微波的电离层，在这种情况下往往会使微波雷达失灵，但这对激光雷达却干扰不大，仍可照常工作。所以激光雷达又被誉为"当代科技的火眼金睛"。

此外，雷达所使用的频率越高，所需的发射天线也就越小。如从地球上照射到月球上1平方千米的光斑，激光发射天线的直径39厘米就够了，而微波发射天线要达到这个水平，则直径需达几千米才行。这无疑为缩小雷达的整机尺寸创造了先决条件。

二、激光测距仪的孪生兄弟

激光雷达和激光测距仪的原理和构造都极为相似，激光雷达正是在激光测距仪向多功能发展的情况下出现的。可以这么说：所有的激光雷达都具有测距的功能，而激光测距仪则是功能单一的一种激光雷达，就像一对孪生兄弟。所不同的是：激光雷达要测出的是运动目标或相对运动的目标，而激光测距仪要测出的只是固定某一点的目标。

当我们知道了激光测距仪的原理之后，激光雷达的原理也就容易理解了。激光雷达先向可能来犯的目标方向发射激光探测信号，光波碰到目标后被反射回来成为回波。由于回波经历的时间参数恰好反映了接近目标的情况和运动状态的变化，所以通过测量回波信号的到达时间、频率变化、波束所指方向，就可以确定目标的距离、方位和速度等。

测速可用两种方法，一种是和激光测距原理相似，向目标发射间隔的脉冲信号，从两个以上脉冲的时间差和目标移动的距离差，即可推算出目标的速度；另一种是利用光学多普勒效应，当发射的光波遇到移动目标后，其反射的信号的频率就要发生变化，测出这个变化，就可以推算出被测目标的速度。特别是对于每秒仅千分之几厘米的超低速运动目标，微波雷达是无能为力的，而激光雷达却能精确测定。

与激光测距仪一样，激光雷达也有局限性。尤其在雨、云、雾天由于激光方向性强，发散小，在大面积搜索和监视时就容易丢失目标，所以目前军事上大部分的监视、探测、跟踪、杀伤评估和导航任务仍由微波雷达担任。而微波

雷达无法胜任的那部分任务，如长距离探测、高精度杀伤评估、超精密导航、高分辨率成像，乃至遥测化学毒剂等，就只有依靠激光雷达了。尽管如此，一些激光雷达比微波雷达优越的项目，如在地形跟踪、地形回避系统中，也要激光雷达与微波雷达联合使用，以确保万无一失。

三、别具一格的激光跟踪雷达

激光波束频率高、波长短，特别适用于自动跟踪领域。把四棱锥的尖顶削平，形成一个中心平面和四个对称侧面。中心平面垂直并正对反射式接收望远镜的光轴，当目标位于望远镜光轴上（正前方）时，回波光束恰好落在中心平面，进而传至探测系，此时四个侧面则感受不到回波光束。当目标偏离光轴时，说明目标不再在正前方，回波光束即偏射到棱锥相应的侧面。

需要指出的是，在实际使用中，激光跟踪雷达常常和微波或红外雷达配合使用，平时微波雷达做警戒扫描，一旦发现异常情况，立即引导激光雷达实施精密跟踪，二者取长补短，效果很好。

四、能同时给出图像和距离的激光雷达

能同时给出图像和距离的雷达是人类梦寐以求的愿望。实际上这种雷达已在美国桑迪亚国家实验室获得了成功，虽然此项技术仍处于研究初期，但最终会把常规雷达和视频成像系统的优点结合为一体。

这种激光雷达利用了一项美国专利，废除了常规的波束扫描，使激光雷达从概念的研究下取得了重大进展。与用一束激光来回扫描目标区不同，这种雷达使用了扩束光学系统，以单个静止光束照明整个目标区。在接收端，用激光阴极阵列俘获从目标上反射回的每一个光子，并把它们转换成标准 CCD 摄像机成像用的电荷。目标的距离则通过调制激光束和分析反射光相移的强度来确定。与常规扫描系统相比，这种新技术有几个重要的优点：如探测的距离远、帧速率高等，简化了扫描所必须的笨重的天线转动系统等。该试验室在 100 米的距离上可达每秒 1000 帧的速度。研究者们正在从事提高探测器的灵敏度和

同时减小干扰精确读数噪声的工作。

该项目的负责人说，当初研制这套系统的目的之一是保安应用，但它除了探测入侵者外，还有更多的用途，如军事上的目标追踪，特别是机器人的视觉和自主式车辆控制系统中，将会有重要的应用。

正当这个实验室为这一成功沾沾自喜的时候，美国一家杂志发表的一幅激光雷达图像的照片使他们大吃一惊。因为雷达屏幕上的图像分辨率非常高，简直就是一张照片。这种激光雷达当初被研制的目的，只是要作为能与907千克的 MK－84 炸弹匹配的几种低成本组件之一。由美国通用动力学公司电光数据系统集团研制的二氧化碳激光成像雷达系统，于1992年初，在美国佛罗里达埃格林空军基地的猎鹰－20 无人驾驶飞机上作了飞行试验。看过这种雷达图像的人都说："这简直是不可思议的事情！"在出示的试验时并列工作的红外雷达图像和激光雷达图像的屏幕照片上可以看到，前者是一片黑，而后者连电线和电杆都历历在目，并且探测距离比红外雷达还要远一些。

五、激光雷达巨人"火塘"

激光雷达技术最突出的贡献是在远距离高分辨图形领域。其中杰出的代表就是美国林肯实验室的"火塘"大型精密激光跟踪雷达。

为了适应高能激光反导武器系统的发展，在美国国防部高级研究计划局的资助下，林肯实验室于20世纪70年代初就开始实施代号为"火塘"的高精密激光雷达研制计划，发展远距离导弹跟踪和激光束瞄准技术，1984年美国"星球大战计划"出台后，林肯实验室得到了进一步的资助，在一系列试验中取得了进展。

"火塘"激光雷达采用1.2 米直径的巨型发/收望远镜，使用平均发射功率为千瓦级的连续波二氧化碳气体激光器，工作波长为10.6 微米，外差探测方式，作用距离为1000 千米，跟踪精度达到1 微弧度（0.2 角秒）。

早在70年代，林肯实验室就用"火塘"演示了准确跟踪和获得卫星多普勒图像的能力，1976年就达到了测得距地面1100～1200 千米远的 LAGEOS 卫

星。1990年，经过改进后的"火塘"具备了高功率、宽带宽、可以识别再入大气层的弹道导弹弹头和诱饵的能力。同时，利用非相干氢离子激光雷达也成功地对火箭进行了精确的跟踪。

"火塘"激光雷达第一次成功地实现了激光雷达远距离、高精度跟踪。但其本身设备并非十分理想，在精度、可靠性等方面距"星球大战"计划的要求还有相当大的距离。

就在"火塘"加紧改进和进行试验的同时，休斯飞机公司已花费巨资为"星球大战"计划研制出了巨型试验型望远镜装置，声称是迄今为止世界上最先进的激光束控制和瞄准/跟踪系统。虽然其战术指标不详，但从公布的照片上可以看出，其尺寸比"火塘"要大得多，这无疑将使大型精密测量跟踪激光雷达的研制再上一个新的台阶。

综上所述，激光雷达在理论上是可行的，在实践中也有定型产品应用于环保、测绘、勘探及军事用途，但微波、红外雷达也在不断改进。权衡成本等因素，在相当长的阶段内二者将互相取长补短，共同发展。

知识点

微　波

微波是指频率为300MHz～300GHz的电磁波，是无线电波中一个有限频带的简称，即波长在1米（不含1米）到1毫米之间的电磁波，是分米波、厘米波、毫米波和亚毫米波的统称。微波频率比一般的无线电波频率高，通常也称为"超高频电磁波"。微波作为一种电磁波也具有波粒二象性。微波的基本性质通常呈现为穿透、反射、吸收三个特性。对于玻璃、塑料和瓷器，微波几乎是穿越而不被吸收。对于水和食物等就会吸收微波而使自身发热。而对金属类东西，则会反射微波。

延伸阅读

图像分辨率

图像分辨率为数码相机可选择的成像大小及尺寸，单位为 ppi。常见的图像分辨率有 640×480；1024×768；1600×1200；2048×1536。在成像的两组数字中，前者为图片宽度，后者为图片的高度，两者相乘得出的是图片的像素。长宽比一般为 4:3。

在大部分数码相机内，可以选择不同的分辨率拍摄图片。一台数码相机的像素越高，其图片的分辨率越大。分辨率和图像的像素有直接的关系，一张分辨率为 640×480 的图片，那它的分辨率就达到了 307 200，也就是我们常说的 30 万像素，而一张分辨率为 1600×1200 的图片，它的像素就是 200 万。这样，我们就知道，分辨率表示的是图片在长和宽上占的点数的单位。分辨率越大，图片的面积越大。像素越大，分辨率越高，照片越清晰，可输出照片尺寸也可以越大。

漫谈激光对潜通信

一、水下杀手的难"言"之隐

岸上的通信联络方式很多，可以写信、打电话、发电报，或者直接派人传递。水面舰艇的通信联络也很方便，可以用无线电、信号旗、手旗、灯光等。相比起来，潜艇的通信联络就困难多了。潜艇在浮出水面期间，可以使用与水面舰只相同的通信方法。关键的是在水下潜航或水下隐蔽待命期间的通信问题十分棘手。

短波通信是潜艇向岸上指挥机关报告情况的主要通信方法，但短波不能穿透海水，必须将潜艇浮出水面才行，但潜艇的生命力就在于隐蔽，浮出水面就等于暴露了目标。为了解决这个问题，在潜艇上安装了可以伸缩的无线电天线。在水下发报时，只要将天线伸出水面就行了，但伸缩天线只有 8～15 米长，在潜艇潜深超过这个长度时便失去了作用。为了解决这个问题，潜艇上采用了浮标天线。发报时把浮标放出来，浮标拖着天线浮出水面，而艇仍在深水下，这样既能发报，又不容易暴露目标。为了减少天线暴露的时间，潜艇普遍采用一种快速发报设备，事先把要发送的电文经过处理，在天线浮出水面的一瞬间便发送完毕，但潜艇远距离与岸上通信时，必须使用强功率信号，这样敌方可以很容易测出潜艇的位置和截获电码。而且，战时潜艇的上方常常有敌方的舰艇和飞机活动，这时就有"言"难发了。

超长波通信是岸上向潜艇通信的主要方法，超长波的波长一般为 1～3 万米，具有一定的穿透海水的能力，使水下的潜艇接收到岸上发来的电波。岸上用超长波电台对潜艇通信，是按事先给定的时间和频率发报的，潜艇也只能在这个时间内接收。由于超长波穿透海水的能力与电台的功率、距离的远近有关，所以潜艇必须浮到能接收到超长波的深度上才能收到岸上的电文。超长波的传输率非常低，每分钟只能传输几个字的信息。以后虽然改用机载甚低频通信系统，传输率提高到每分钟 75 比特，但穿透海水的能力只有几十米，同样不是很理想。

潜艇在水下也使用声呐和水声设备与潜艇和水面舰只之间进行通信，但这两种通信方式发信本身就是信号源，极不隐蔽，所以只能在和平时期使用。

综上所述，传统的通信方法难以满足实战时在深水潜航时快速、实时地传输信息的要求。20 世纪 60 年代激光出现后，人们便把希望寄托到了激光上面。

二、海水留出的频率"窗口"

普通光线经过大气层的吸收、水面反射，入水后的折射和散射后，会大大减弱。试验表明，可见光线在纯净的水中，每行进 1 米，就被吸收 10% 以上。在自来水中每行进 1 米，会被吸收 26% 以上；在海水中每行进 1 米，会被吸收 50% 以上。所以普通光线在海水中只能行进几米远就消耗殆尽了。

科学家们在试验中发现，水吸收光线是随着水深的增加，按光波的长短次序逐个吸收的。一般的规律是：长波光先被吸收，短波光后被吸收。其中波长为 0.459 微米的深蓝光（由于感觉不同，也有认为是蓝绿色的）在水下有较好的传输能力，被称为海水的"窗口"频率，这样，就为人们找到了另外一种对潜通信的途径。在激光出现以前，人们无法得到"纯净"的深蓝光，只能采用"过滤"的方法，来从自然光中获取，这样对光源的利用率极低，而且频率也不能保证恰好落在"窗口"上。激光的出现，彻底解决了这个难题。据试验，在适当的功率和理想的海水条件下，深绿色激光可穿透 200 米以上深度的海水，据有关资料介绍，0.532 微米的蓝绿激光穿透海水的理论极限为 178 米，这是目前比较可靠的数据。现在已投入使用的海底测绘激光系统，测深已达 70 米。

三、不惜工本的研究计划

激光通信具有数据传输率高、容量大、抗干扰能力强、保密性强和通信距离远等优点，在水面舰只已经实现了舰对舰、舰对岸之间的激光通信。

20 世纪 80 年代初，美国防御高级研究规划局就制订了激光对潜通信的计划，并于 1987 年宣告成功。激光通信所采取的方案，是把控制中心的指令，通过常见的保密无线电通信传输到卫星或飞机上，然后把载有指令信息的激光束，通过大气、云层和海面传至深水处的潜艇上，潜艇从接收的激光信号中经过调解，把指令信号还原。同样，潜艇要发出信号，就要把带有信息的激光束射向卫星或飞机，然后将接收到的信号，转换成电讯号传输到控制中心，这样就建成了通信通路，由于激光穿透海水的能力强，信息传输率高达几千比特，从理论上来讲目前尚无其他能与之匹敌的通信手段。

激光对潜通信主要需解决三大难题。一是激光器，即要求有合适的激光器以获得很强的深蓝激光。目前取得突破的是用氯化氙准分子激光器，输出 0.308 微米的紫外激光，经移频后，获得 0.455 微米的强蓝绿激光。同理，使用溴化汞激光器也可获得相似的结果。二是要解决弱信号的探测技术。因为激光通过云层会衰减 1～2 个数量级，通过海水时其衰减更大，因此到达潜艇的光功率只有所发出激光的很小很小一部分，而来自环境的杂散光往往会比信息光强得多，因而要滤去杂散光，以提高信噪比。1976～1977 年，美国的劳伦斯利弗莫尔国立实验室研制成功的谐振滤波器，可以通过所需要的蓝绿激光而彻底滤除太阳光和其他干扰杂散光。三是要解决将上述激光器安放到卫星或飞机上，以及其与基地和潜艇之间的通信问题。据报道，美国在 1988 年成功地完成了机载激光对潜通信的试验。

激光对潜通信分卫星方式和机载方式，二者各有所长。一般认为卫星方式的对潜通信是全球性的，特别适合于对环球航行的战略弹道导弹核潜艇的通信；而飞机对潜通信则对战术潜艇更合适。

知识点

滤波器

滤波器（filter），是一种用来消除干扰杂讯的器件，将输入或输出经过过滤而得到纯净的直流电。对特定频率的频点或该频点以外的频率进行有效滤除的电路，就是滤波器，其功能就是得到一个特定频率或消除一个特定频率。

世界上第一艘核潜艇

世界上第一艘核潜艇是美国的"鹦鹉螺"号，是由美国科学家海曼·里科弗积极倡议并研制和建造的，他被称为"核潜艇之父"。1946年，以里科弗为首的一批科学家开始研究舰艇用原"鹦鹉螺"号核能反应堆，也就是后来潜艇上广为使用的"舰载压水反应堆"。第二年，里科弗向美国海军和政府建议制造核动力潜艇。1951年，美国国会终于通过了制造第一艘核潜艇的决议。"鹦鹉螺"号核潜艇于1952年6月开工制造，在1954年1月24日开始首次试航。首次试航即显示了核潜艇的优越性，人们听不到常规潜艇那种轰隆隆的噪声，艇上操作人员甚至觉察不出水下航行与在水面上航行有何差别，它84小时潜航了1300千米，这个航程超过了以前任何一艘常规潜艇的最大航程10倍。1955年7~8月，"鹦鹉螺"号和几艘常规潜艇一起参加反潜舰队演习，反潜舰队由航空母舰和驱逐舰组成。在演习中，常规潜艇常常被发现，而核潜艇则很难被发现，即使被发现，核潜艇的高速度也可以使之摆脱追击。由于核潜艇的续航力大，用不着浮出水面，因而能避免空中袭击。到1957年4月止，"鹦鹉螺"号在没有补充燃料的情况下持续航行了11万余千米，其中大部分时间是在水下航行的。1958年8月，"鹦鹉螺"号从冰层下穿越北冰洋冰冠，从太平洋驶进大西洋，完成了常规动力潜艇所无法想象的壮举。之后，美国宣布以后将不再制造常规动力潜艇。此后，苏联、英国、法国和中国相继制造了本国的核潜艇。

漫谈激光束能武器

一、阿基米德的故事

公元前 214 年的一天上午，晴空万里，阳光灿烂，古罗马帝国的数十艘战船向西西里岛的锡拉兹城进攻。希腊科学家阿基米德和叙拉古国国王站在高高的礁石上，观察着海面。远处那渐渐变大的帆影说明罗马帝国军队的大举进攻又要开始了。城堡中的兵力已经很少了，情况十分危急。这时阿基米德建议国王，命令人们把全岛所有的镜子统统拿到岸边，在海岸上严阵以待。当罗马战船驶近时，阿基米德一声令下，全岛所有的镜面都把太阳的反射光对准入侵的敌指挥船的油布帆。顷刻，无数道耀眼的光芒射向敌指挥船，使那浸过油脂的船帆燃起冲天大火。罗马人大惊失色，驾驶战船狼狈而逃。阿基米德的智慧拯救了这个国家的人民。古罗马人将镜子反射的太阳光称为"阿基米德死光"。

阿基米德塑像

这个传说是真是假已无据可考，但这是人们把光作为武器的一种大胆的设想。20 世纪 60 年代激光出现后，终于使古人的设想变成了现实。

采用激光束直接攻击的方案，我们把它称之为激光束能武器。激光束能武器的区分目前尚无统一的标准，如按其用途性质区分，可分为战略激光武器与战术激光武器；按其搭载平台区分，可分为天基激光武器、陆基激光武器、舰基激光武器；按其功率区分，可分为高能激光武器及低能激光武器。但无论怎样区分，有一点是共同的，就是如同阿基米德的办法一样，都是运用了光的热效应。

二、激光干扰武器

激光干扰武器通常指以下几种情况：

迷惑，即用激光直接照射目标或者间接地将激光反射到目标上，使之受到袭扰，引起慌乱，或者被诱骗至其他地方，偏离轨道。

扰乱，即用激光照射导弹引信或光电侦察、通信、指挥、控制装置等，使之过早引爆或功能失调，造成混乱。

上述两种情况同时起作用，如美国空军于 1988 年秋开始研制的"闪光"激光干扰系统，就是一种典型的激光干扰武器。该系统采用 TRW 公司研制的小功率化学激光器作为红外干扰光源，安装在飞机上。飞机尾部还装有由被动红外探测器构成的威胁告警器。当飞机受到红外制导导弹攻击时，驾驶员可立即被告知，然后自动瞄准、跟踪来袭导

激光干扰装备

弹，在适当距离下发射红外激光束干扰导弹的运行，使其偏离攻击方向，从而保护飞机。

三、激光致盲武器

近年来，激光致盲武器，作为一种经济、轻便、实用的"软杀伤"低能战术武器而倍受军界重视，发展很快。

激光致盲武器有三个优势：一是在技术上比较容易实现。如，能量密度为每平方厘米 0.5 ~ 5 毫焦的激光束落到人眼的角膜上，就足以引起视网膜被破

坏，达到致盲目的。而破坏一架飞机上的部件所需要的能量密度却要高达每平方厘米 10 千焦以上，两者相差 10 万倍。二是可以收到令人满意的战术效果，仅通过对光电设备或关键人员致盲，就可以完成预定的战术目的。三是便于普及，这得益于致盲激光武器的造价非常低廉，因而便于推广应用。

激光致盲武器

激光致盲武器的作用，可归结为损伤人眼、破坏光学系统和破坏光电传感器三个方面。

损伤人眼。虽然激光对人眼的损伤主要取决于激光的波长、功率、脉宽、发散角等诸多因素，但实验表明，无论激光在哪个波段，均可在适当的条件下造成人的裸眼损伤。其中以 0.53 微米的波长的蓝绿激光对人眼的伤害最大，波长为 0.4 ~ 1.4 微米的可见光和近红外光波段次之，其他波段较轻。对使用光学仪器进行观察的人员来说，因为这时落到人眼上的能量等于原能量乘以放大倍数及系统的传输系数，所以所受到的伤害较之裸眼就更为严重。

破坏光学系统试验表明，光学玻璃被强度为每平方厘米 300 瓦的激光照射 0.1 秒时，表面就开始熔化；光学玻璃在短时间吸收大量激光能量时，就会产生龟裂效应，并最后出现磨砂效应，致使玻璃变得不透明。上述破坏结果足以使光学系统立即失效。

破坏光电传感器。低能量激光武器输出的激光能量，就足以使光电传感器输出完全饱和甚至本身受到破坏，从而使其短时或永久失效。据试验，红外探测材料将因吸收大部分激光而被破坏，光电型红外探测器将被汽化或熔化，热电型红外探测器则出现破裂和热分解现象。其中通过光学设备的光电传感器受到的损害更为严重。

激光致盲武器的研制和装备情况。由于政治上的原因，各国都严加保密。因为一旦公开装备激光致盲武器，虽然会对敌方人员产生严重的心理压力，同时也会因己方恐惧对方采取同样的措施来报复，而大大降低其执行任务的质量。尤其是可以预见的战后被"致盲"人员大幅度增加，会耗费高额医疗费用，造成巨大的社会负担，而导致社会的遣责，承担政治上的风险。

尽管如此，对军方来说，能轻而易举地挖掉对方的眼睛而打败对手，是极为诱人的。所以，激光致盲武器在一些国家积极研制并投入使用已成为公开的秘密。

据美国于 1987 年公布的一份简报中称，美军巡逻飞机的驾驶员，曾被苏联军舰上的能量很高的激光系统致盲，差不多同一时期，瑞士"龙"式战斗机中也有驾驶员被型号不明的苏联激光系统致盲；英国在美国的帮助下，已在 1933 年研制成功发射蓝光的激光致眩武器，并从 1984 年起，装载在波斯湾执行任务的英国舰船上。因为进港时都用帆布盖着，所以外人一直没有发现，直到一位获准登船的记者偶然发现并被拍了照片，才正式公诸于世。据称这种激光致眩器已生产了 12 具，两个一组，装在 6 艘驱逐舰和护卫舰上。这种激光致眩武器的结构特点是：激光发射机和双目测距仪、电视摄像机装在一个长约 1.5 米的长方形盒中。该盒被放在一个四角支架上，依靠手工作俯仰和方位旋转。该系统的作用距离为 2.75 千米，是一种近程防空系统。

美国在低能战术激光武器研究方面已有数十年的历史。在 20 世纪 70 年代，曾提出近程战斗激光武器计划，目前之所以未见诸实际装备部队的报道，据认为亦是出于政治考虑，而不是技术问题。

高级光学干扰吊舱，该系统由美国陆军和海军联合研制。吊舱拟装在轰炸机等飞机上，以提高自卫能力。吊舱内有一个装在万向支架上的平台，其上固定有一台炮火闪光探测器和两台激光器。一旦探测器捕捉到地面高炮炮口的闪光，便立即发出警报并指示方向。与此同时，一台激光器测距，另一台倍频掺钕钇铝石榴石激光器，则向高炮炮手发射对人眼有很强的致盲作用的 0.53 微米波长的蓝色激光强脉冲，使射手或瞄准仪器致盲。

这种激光武器也可以用于致盲尾随敌机上的驾驶员，以获取有利战机。

"致眩器"激光武器。"致眩器"是由美国联合信号军用激光产品公司应陆军步兵中心倡议，根据一项 36 万美元的合同研制的，其用途是造成敌方人员暂时失明或目眩，并可破坏敌方坦克装甲车辆上的光电传感器，如夜视仪、摄像机等，以保护地面步兵，使之不受敌方光电系统的探测。这种便携式轻型激光武器的大小和冲锋枪差不多，放在肩上发射。它有可折叠的手把和可伸缩的瞄准具，仅重 9 千克，每台成本约 5 万美元。用在"致眩器"上的固体紫翠宝石激光器发射的激光的波长可在 700 ~ 850 毫微米间连续可调。该公司研制的紫翠宝石棒中，有一种棒的尺寸仅为 66.3 × 76 毫米，释放的能量为每脉冲 3.5 焦耳，重复频率为每秒钟 20 次，总功率为 70 瓦。为了提高功效，激光器采用了石英声光开关调"Q"技术，当"Q"开关启动的 33 纳秒内，每个脉冲的能量约为 100 毫焦，峰值功率竟高达 18 兆瓦。

"桂冠王子"激光武器。该武器系统由美空军组织研制，拟用作机载光电对抗设备，输出功率很大，作用距离也很远，1958 年演示样机，1989 年进行工程研制，90 年代供使用。

红外对抗计划。美国海军研究实验室正领导一项隶属国防部的平衡技术倡议——红外对抗计划，其战术任务主要是破坏入侵导弹的红外寻的器，并计划于 1993 年在固定翼飞机上进行演示。

据统计，自 1975 年以来的敌对行动中，大约有 95% 以上的飞机是被红外制导的导弹击中的，而目前服役的这种导弹就有 10 万枚以上，由此可见此项计划的重要意义。

该系统包括：威胁警戒分系统，小型实时图像处理机，瞄准/跟踪分系统，轻型固体激光器。红外对抗计划的起点比较高，综合性能比较强，但是否能成为称霸空中的红外寻的导弹的克星，只有等实践后才知分晓。

四、激光防空武器

激光防空武器被认为是激光束能武器水平的典型代表，因为它要求激光器的功率大，与之相适应的光学系统、电子系统、控制系统要求精密准确，反应敏捷。加之投资巨大，所以令人瞩目。尽管防空激光武器系统研制费用高，技术难度大，但就其费效比来说还是较高的，激光防空武器一旦投入使用，就只消耗燃料（电能、化学能等），不像防空导弹那样消耗硬件。一枚"爱国者"防空导

激光防空武器

弹价值高达 30～50 万美元，一枚"毒刺"防空导弹为 2 万美元，而氟化氖化学激光防空武器每发射一次仅 1～2 千美元，这与一发炮弹的价格差不多。如果采用技术更为成熟的二氧化碳激光器，每发射一次的费用可降至几百美元。如果与其所打击的目标来比较，那就更可观了。一架战斗机价值 3000～5000 万美元，一架轰炸机价值 8000 万美元，而一些尖端飞机如空中预警飞机、隐型轰炸机等，价值均在亿美元以上。苏军入侵阿富汗期间，美国曾用"毒刺"导弹供应阿富汗游击队，条件是每击落一架苏联飞机，可以再免费赠送两枚导弹。所以从整体上来讲，无论与攻击的目标相比，还是与使用的导弹相比，激光武器都是很合算的。

从试验情况来看，美国、苏联和联邦德国在上述领域内的研究水平都比较高。

美国陆军于 1976 年，在亚拉巴马州的雷德斯兵工厂使用 LTVP－7 型坦克载的 100 千瓦的激光防空炮，数秒钟内即击落两架有翼靶机和直升靶机。1977 年夏，官方宣布，美国使用波长为 3.8 微米的高功率氟化氖高能量激光器，首次摧毁一个飞行中的导弹目标；1952 年秋，用强激光又成功地摧毁了"陶"式地对地中程导弹。美国陆军目前正在实行一项化学激光武器计划，拟采用 1.4 兆瓦的氟化氖化学激光器，用于保护重要设施，初期将使用 10 万瓦的激

光器件进行试验。

美国空军于 1983 年 5 月 31 日到 7 月 25 日，用波音 707 客机改装的 NKC－135 型飞机（即机载激光试验室）上安装的 500 千瓦功率的激光炮，在先后两个月的时间里，把从 A－7 海盗式战斗轰炸机向它发射的 5 枚"响尾蛇"空对空导弹击毁；同年 12 月，又击落了模拟巡航导弹飞行的靶机。

美国海军的舰载激光武器发展很快，可能与舰上适于安装大型激光器有关。1978 年春，休斯公司为美国海军设计的带瞄准跟踪系统的 40 瓦功率氟化氖激光器，击毁了陆军发射的 4 枚"陶"式有线制导反坦克导弹，这种导弹飞行速度很快，比掠海飞行的巡航导弹或低空飞行的战斗机还难对付；1987 年 9 月，又用同类型号的激光器，击落了一架模拟巡航导弹飞行的"火蜂"靶机。同年 11 月 2 日，在上次试验射程的两倍距离上，又成功地重复了一次相同的试验。1989 年 2 月 23 日，又击落了一枚高速飞行的战术导弹。这标志着这种大功率的激光武器已能满足实战的要求。

苏联奉行不声张、干实事的政策，大力发展国土防空、野战防空和舰船防空三种激光武器。据称，在列宁格勒波罗的海造船厂建造的第三艘"基洛夫"级巡洋舰上，建造了氟化氖化学激光系统，作用距离可达 10 千米。同时机载激光武器系统也在抓紧研制，以对付巡航导弹。

前联邦德国的 MEB 公司和迪尔公司，在国防部的资助下，研制了一种车载防空激光武器，整个系统重约 20 吨，装到"豹丁"型坦克底盘上，由两人操纵。一个长约 15 米的升降臂，可将发射系统升至高处，以减少大气或战场烟尘的影响。激光器采用一氧化二氮/轻汽油气动二氧化碳激光器，平均功率高达 1 兆瓦，所用轻质大型反射镜用碳纤维复合材料制造，直径约 1 米。尤其独到的是，为了克服大气对光束的影响，采用了自适应光学系统，在其探测、跟踪与瞄准系统中，采用被动红外装置探测、捕获目标和进行粗跟踪。对目标的精密跟踪则是利用从目标返回的激光束，由高速计算机配合完成，即跟踪返回光束来修正可调节的反射镜，使激光束的焦点保持在目标上。同时，车上计算机系统还有敌我识别的能力。

需要指出的是，激光武器所谓的功能只是相对的。如果防空激光武器平射的话就成了陆战兵器。而且所有防空激光武器的致盲能力都是非常强的，不言而喻，具有能熔化金属能量的激光武器，当然也是一件纵火兵器了。

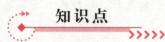

知识点

光学玻璃

光学玻璃是能改变光的传播方向，并能改变紫外、可见或红外光的相对光谱分布的玻璃。狭义的光学玻璃是指无色光学玻璃；广义的光学玻璃还包括有色光学玻璃、激光玻璃、石英光学玻璃、抗辐射玻璃、紫外红外光学玻璃、纤维光学玻璃、声光玻璃、磁光玻璃和光变色玻璃。光学玻璃可用于制造光学仪器中的透镜、棱镜、反射镜及窗口等。由光学玻璃构成的部件是光学仪器中的关键性元件。

延伸阅读

神奇的平面反射

阿基米德用镜子改变了太阳的光线，把罗马帝国的战舰烧着了，那么，镜子为什么会有这么神奇的作用呢？物理学中的光学知识告诉我们，不论是透明物体，还是不透明的物体，都要反射一部分射到它表面上的光。光在反射时遵循以下的规律：反射光线跟入射光线和法线在同一平面上，反射光线和入射光线分别位于法线的两侧，反射角等于入射角。并且，当光线逆着原来反射光线的方向射到反射面上时，它就要逆着原来入射光线的方向反射出去。在反射现象里，光路是可逆的。

当平行光线照射到平面镜上时，它们的反射光也是平行的。这种反射叫做镜面反射。在镜面反射中，反射光向着一个方向，其他方向上没有反射光线。我们平时照镜子时使用的就是平面镜。高度抛光的金属表面、平静的水面等物体表面也具有平面镜的特性。

平面镜可用于成像和改变光路，因此，在日常生活中有着广泛的应用。比如在井口安置一块平面镜，只要随时调整平面镜的角度，就可以使太阳光竖直向下照亮很深的井底。还比如汽车有平面镜（或凸面镜），使司机不需回头就能看到车后的情景；在十字路口或公路拐弯处常立有一块平面镜（或凸面镜），向东开的汽车司机可以从镜中看清有没有由南往北或由北往南的汽车，以利行车安全。

在现代军事光学仪器中，光的反射原理在军事领域中的应用更为广泛。平面镜已成为军事光学仪器中不可缺少的基本元件。潜艇上的潜望镜就是利用平面镜的反射特性制成的。另外，军事活动中已经普遍使用的太阳灶、太阳能电池也都可以说是"阿基米德死光"的延续。在"阿基米德死光"基础上发展起来的太阳能利用技术开辟了军事能源的新前景。

激光模拟

一、号称"德国鬼子"的英国小伙

第二次世界大战期间，飞机大量地投入到战争中，飞机和驾驶员的损失都比较大。法国沦陷后，英国在美国的支持下，修建了数十个机场，得到了几千架飞机，但一时没有现成的飞行员。英国于是迅速从其他军种和全国各地征招了一批20来岁的小伙子，进行飞行驾驶的突击训练。

开始训练时，采取的仍是传统的"一带一"的教练方法，经常是飞机还没飞起来就栽到了跑道上。还有的在天上转一圈后不敢降落，即使落到机场上也是蹦蹦跳跳的，稍不注意就会机毁人亡。驾驶员们都说落地比起飞还要困难。一个时期里，由新学员摔坏的飞机竟比德国空军击落的还要多，于是人们就给这批英国小伙送了个绰号——"德国鬼子"。

迫于这种情况，英、美工程师们设计和制造了一大批飞机模拟训练器，甚至把整架飞行器装在有几个自由度的支架上，以使学员体会飞行的侧滑、转向、俯仰等简单的动作。虽然设计简陋，但却收到了明显的效果，甚至可以在训练器上设置故障，进行情况处理。

现代航空的大量研究证明，相当一部分空中操纵错误和飞行事故征候都是与地面训练的不足有关。据国外有关资料统计，飞行员过失事故占总事故率的47.2%。所以，利用各种飞行模拟器在地面对飞行员进行训练，具有十分重要的意义。

实际上，自世界上第一架飞机问世后不久，就有人考虑怎样在地面安全地进行训练。1920年，美国人林克为适应暗舱仪表飞行训练的需要，制造出了世界上第一台飞行模拟器。时至今日，飞机模拟训练器已成为航校的标准装备，发展得更为高级。我军前空军司令员王海访英时，曾被邀请上模拟训练器进行驾驶。我军一名留英进修的空军军官飞行员，还参与过使用模拟驾驶训练仪进行的"空战"。目前，各大飞机制造公司在生产飞机的同时，也生产与之同型号的模拟训练器。飞行学员只有通过模拟训练器的所有课程后，才能登上真正的飞机上天。在美国，已经明文规定飞行员必须获得模拟飞行许可证后，才能在飞机上飞行。我们从中不难看出模拟训练器材的重要性。

激光的出现，为模拟器材向更高层次的发展提供了又一种可供选择的条件。

二、激光战术模拟

激光模拟器材的原理非常简单，主要分为发射和接收两大部分。

发射部分就是一支微型激光器装在特制底座上。底座可以根据武器的不同而调整或更换。激光器通过底座固定在枪、炮和导弹发射架下，当瞄准后扣动扳机时，扳机与激光器的开关联动，于是就随着空包弹（一种用于演习的无头子弹）的响声，发射出了激光脉冲信号。

接收部分是一套光电探测器，内有调解电路，以区别不同的武器光束。安装在装甲车辆、飞机的适当部位和人员的头盔上。当接收到对方发射的激光信号后，通过光电转换，触发有关"门"电路，电路接通微型发烟器的引信和声光报警装置，这样就被告知"你被击中了"。

同理，在要害部位如碉堡、掩体安装接收器，普通的枪弹激光信号击中时不起作用，而当重武器如"炮弹"的激光信号击中时，就会发出烟雾和声光信号。

目前世界上比较先进的激光训练模拟器材，当属美国的 MILES 系统。该系统有 40 多种模式可供选用，可以模拟的武器包括：各种枪支、地炮、坦克炮、高炮、航炮、火箭、战术导弹等，不同武器射出的激光弹都有各自的编码，目标可以根据这些编码判断是什么武器击中了它，因而不会发生"步枪击毁坦克"之类的谬误。该系统可以供师一级的部队把人员分成敌对双方，使用直升机、坦克、导弹、各种枪炮，进行有声有色完全像真实战斗一样的演习。以 MILES 系统中 M16 步枪射击模拟器为例，其射击部分是安装在步枪上的激光发射器，靶标是安置在士兵佩带的背带和头盔上的硅光二极管和微处理电子线路。当使用者瞄准"敌人"射击时，扣动扳机，打响空包弹，音频探测器收到此响声即通过电子线路触发激光发射器，射出一"枚"激光弹——波长为 0.9 微米，对人眼无害的激光脉冲。激光"弹"由两束截面积为同心圆的同轴激光束组成，两束激光都带有各自的编码。中心的一束表示命中，外面的一束表示近距离脱靶。被射击者身上的探测器接受射来的激光弹，立即由电子线路译码识别。若是近距离脱靶，其身上的蜂鸣器便发出断续的响声，告知被击者"有人向你开枪"，应赶紧躲避或把对方干掉。如果是命中，蜂鸣器便发出持续不断的响声。被击者必须把激光发射器上的一把特制的钥匙取下，

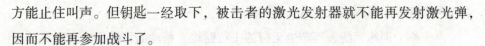

方能止住叫声。但钥匙一经取下，被击者的激光发射器就不能再发射激光弹，因而不能再参加战斗了。

用激光模拟器训练部队，由于具有真实感，看得见射击效果，特别适合于对抗演习，使枯燥而又艰苦的军事训练变得像做游戏一样有趣，从而激发了战士们的训练热情，提高了训练效果。据国外试验数据表明，用激光模拟器训练出来的部队，射击命中率要比传统方法训练的部队高30%，射击速度快5%。同时，还可以节约大量的弹药、减少武器的磨损，对部队和居民都很安全，对环境没有破坏和污染，不需要特定的靶场等。综合起来看，其整体效益是显而易见的。

三、激光电视模拟

导弹武器的昂贵，使得不可能用发射实弹进行训练，通常只能采取模拟的方法进行，其中较为理想的是激光电视模拟系统。电视模拟技术始于1936年，当时的伦敦皇家实验室宣布研制成功了最早的投影电视，这种装置能照亮中等尺寸的屏幕，在屏幕上投射各种图像。

目前大屏幕投影系统有三种模式。一种是阴极射线管系统，即我们所见到过的三管投影电视机。它具有几千流明的强光输出，但分辨率并不高，只能使用于一般的娱乐场所。另一种是采用光阀的电视投射器。这种技术使用被电子束变形的一层油膜，它具有几千流明的高亮度和很高的分辨率，主要缺点是成本太高，费用大。进入20世纪80年代以后，激光技术飞速发展，为在屏幕投射系统的完善创造了条件，目前最为成功的是由英国航空动力公司开发，用作"轻剑"地对空导弹防御系统的训练模拟器。它对实时计算机产生的图像提供飞行器目标，该目标以铜蒸气激光投射到圆顶训练构体的内壁上。

在圆顶模拟器中，武器受训人员所看所听到的一切均经过精心设计，代表了实际情景。系统中的计算机技术提高了靶和导弹图像的分辨率，其运动性能就和实际一样。甚至把不同类型飞机和导弹的空气动力学特性也以特殊的轮廓编制程序。计算机产生的图像有一个目标库，包括北大西洋公约组织和前华沙

条约国的许多固定翼飞机和直升机的图像。

由于整个训练系统，可产生无穷的飞行路线、精确的目标尺寸和距离，因而模拟器的真实性进一步提高。该系统同样可以提供导弹击中和飞机相继被摧毁的真实情景。

整个系统只需一名指导人员就能对导弹基地的指挥官和为导弹导航的操作人员进行训练。真的"轻剑"光跟踪和导航系统，设在圆顶室的中央，如果工作人员操作正确，武器系统和导弹会击中目标。若攻击有效，红球闪亮，飞机图像失控，并坠毁在地。整个模拟器由三大部分组成。

激光器。新的"轻剑"地对空导弹防御系统的训练模拟器，采用了牛津激光公司的 CVL－Cu15 型激光器，其最小输出功率为 10W，它是一种重复脉冲装置，具有 2 万赫兹的高频率和 10～40 毫微秒的短脉宽，其光束发散角极小，光束质量很高，所以与专用的计算机配合起来，能产生极为逼真的高分辨率图像。

圆顶系统。圆顶系统实际上就是一种激光球幕全景电影系统。其结构是一个半径为 5 米的半球形圆顶室，用轻质强化塑料板做成。系统为组件式结构，易于在不同训练地点建立。投影屏被设计成光滑连续面。一系列 35 毫米幻灯机装在与主室同心的圆周上，可以不同的光强投射出全景画面，以模拟战斗情况，圆顶室装有能产生四个独立目标图像的投影器系统。附加有非扫描投影器，由氦氖激光器照明，以产生闪光图像。

光学系统。在扫描器单元里，由马达驱动的变焦距透镜系统可投射尺寸连续可变的画面，画面的尺寸变化可以超过 4∶1，这就保证了在 16 千米模拟距离内的目标具有一定清晰度。最小目标距离是 200 米。这个系统的一个显著特点，是模拟距离超过 16 千米时，目标像仍很清晰。用一般双筒望远镜可以看到 12 千米以上的目标。由于这种特点保证了很强的识别信号和每行电视扫描线高于人眼的可识别分辨率。

每个扫描器的输出末端均装有转台，转台按一定的方位角和仰角把目标或画面定位到屏幕上。计算机图像软件对反射镜旋转所引起的轴向变化进行校正，自动测量距离。同时，与距离成比例用光束衰减器控制图像亮度。同理，对晴天、阴雨、大雾等天气的模拟，也需计算机对亮度进行控制衰减。

圆顶室里，激光器水平安置，四个扫描器垂直在激光器前面。紧密固定于激光器台架上的光学底座把光束分为四束，供给四个扫描器。光学底座安装有偏振片、光束成形透镜和转镜等。从上述结构可以看出，只要更换计算机软件和背景幻灯片，便可用于其他类似的武器系统进行训练。

知识点

地对空导弹

地空导弹是由地面发射，攻击敌来袭飞机、导弹等空中目标的一种导弹武器，是现代防空武器系统中的一个重要组成部分。与高炮相比，它射程远，射高大，单发命中率高；与截击机相比，它反应速度快，火力猛，威力大，不受目标速度和高度限制，可以在高、中、低空及远、中近程构成一道道严密的防空火力网。

延伸阅读

投影式电视机

投影显示是指由平面图像信息控制光源，利用光学系统和投影空间把图像放大并显示在屏幕上的方法或装置。投影电视不同于直视显像管电视机、等离

子显示屏电视机、液晶显示屏电视机等。它由光学成像系统最终来完成图像的显示。经过60年的研究和开发，投影技术已经比较成熟，目前广泛地应用于宾馆、影院、会议室以及家庭中。

根据光源是从屏幕前面透射还是从屏幕后面透射，投影电视机可分为前投式投影电视机和背投式投影电视机。根据投影光源的不同，投影电视机又分为CRT（显像管）投影电视机、LCD（液晶）投影电视机以及DMD（数字微镜面器件）投影式投影电视机。液晶投影电视机又有以下四种：非晶硅—TFT（薄膜晶体管）液晶投影式、高温多晶硅—TFT投影式、低温多晶硅—TFT投影式以及硅片基液晶（LCOS）投影式。常用的是非晶硅—TFT、高温多晶硅—TFT以及LCOS投影式。

背投式电视机与前投式电视机的区别。背投式电视机，图像光束向后投，经反光镜反射到显示屏的后面成反像，观众在前面看则为正像；前投式电视机，图像光束从观众后面投向观众前面的显示屏，显现图像。

一般来说，前投式比背投式显示屏尺寸更大，前投式多用于100英寸以上的机型，背投式多用于40英寸以上至100英寸以下的机型。前投影电视的优点是：在同样条件下，其亮度和清晰度都比较高，使用比较方便，安装及携带方便，节省空间。前投影电视的缺点是：由于外界光线也会经屏幕反射，因此对观看效果（图像的对比度色饱和度和相对亮度等）影响较大。背投影电视的优点是：外界光线对观看效果的影响比前投影的要小一些。背投影电视的缺点是：图像的亮度和清晰度比前投影要有所降低；背投影电视占用空间较大。

漫谈激光武器防护

海湾战争期间，激光武器已大规模地应用于战场。有些用于测距，有些用于瞄准，有些用于侦察，有些用于红外对抗，有些用于"照射"目标，为精密"灵巧"炸弹或导弹制导。这些激光武器已成为决定战争胜负的关键。随着激光技术的发展，直接利用激光的高能量杀伤敌方人员，毁损敌方装备的激光束能武器，在理论上和技术上都趋成熟。可以预见，在不久的将来，激光武器必将大量地出现在战场上。为此，对激光武器的防护，就不可避免地被提到议事日程上来了。

一、要想防护先报警

激光武器的防御与对抗，首先要解决的问题就是激光报警，即对激光源的侦察与定位。

目前识别激光的最佳方案，就是利用激光与其他光源的本质区别——相干特性，来进行识别和判断，这样，就能从扫描接收天线收到的自然界中各种强弱不等的光信号中，把激光信号分检出来，并通过微电脑进行分类处理，实现报警目的。

激光的相干特性，表现为时间相干性（即单色性好）和空间相干性（即接近理想的点光源）。特别是激光的时间相干性，与其他光源有明显的区别。如激光的相干长度，一般在几毫米到几十厘米之间，而一般的非相干光源的相干长度是微米级的，根据激光的相干特性，就是探测器在激光束未变成电信号之前，加激光识别装置，任何别的光信号进入干涉仪不能产生干涉条纹，只有激光进入干涉仪后才能产生锐利的干涉条纹，从而达到鉴别信号是否是激光源发出的，因而也就确定了激光源的存在。然后再根据干涉条纹的分布和出现的时间，来确定分析判断激光的参数，如波长、光强和脉宽等。干涉条纹辐射信号，经过光电转换元件，变成电信号后，经放大送入微处理机进行分析和处理，然后一路报警，一路通知干扰对抗系统。

美国德顿系统研究所研制的 LARA 告警器，就是采用干涉仪（时间相干）来识别激光源的存在并探测其参数的。美国的另一家公司，珀金-埃尔默公司研制的 AN/AVR-2 型直升机激光告警装置已于 1983 年装备了部队。

二、现代烟幕护要塞

烟幕很早就被应用于战争了。随着战争中使用的各种武器系统的不断改进，烟幕也相应地融入了现代化的特色。由于烟幕对红外辐射、激光等光频电磁波有强烈的干扰和破坏作用，使红外、激光武器系统的功效降低甚至无法工作。所以，在激光防护的研究中，烟幕占有重要的地位。

对付激光制导武器的烟幕。在海湾战争中，观众曾在电视上清晰地看到一枚制导炸弹准确地击中一所弹药库的大门；美军在越南使用激光制导炸弹炸毁清河大桥的纪录影片，也显示攻击时是在能见度十分好的条件下进行的。那么，如果像我国农民入冬时防霜冻那样纵火生烟，又会是什么样的结果呢？我们不难看出，现代激光制导武器，只要"看"得见，就能击得中。"看"不见，也就无能为力。即使使用简单的烟幕，使目标标示器的激光无法准确地照射到目标上制造出"光篮"来，自然也就对目标起到了保护作用。

对付激光束能武器使用的烟幕。激光束能武器的特点就是光束能量强，一般的烟幕只能衰减其中的一部分，而不能彻底消除强激光束的破坏。对此，科学家们研制了一种特殊的气溶胶，这种气溶胶能强烈地吸收和折射、散射激光，并且能形成一定的浓度，在较长的时间内悬浮在空气中。此外，出于防护一方的原因，气溶胶应该是无毒的，目前已知能吸收 1.06 微米激光的气溶胶材料，有异丙醇、甲醇、氯化铜、氮化物等。气溶胶可制备生成，易备用，使用时可用飞机洒布，或用地面压力喷撒器喷撒。

对付"星球大战"激光武器的"烟幕"。在地面，大气层中可以用烟幕来对付激光，那么，对付太空中的激光武器，有没有办法使用"烟幕"呢？回答是肯定的，只是这是一种非常特殊的"烟幕"罢了。在"星球大战"中，地基激光武器系统，有一种"π"型打法，是靠悬在太空中的反射镜进行作战的。据有关资料介绍，苏联针对美国的"星球大战计划"，研制了一种"太空气溶胶"，这种胶具有一定的黏度，能强烈地吸收激光能量。使用时利用火箭或轨道航天器，在敌方太空反射镜运行的轨道上布下一道"胶网"，一旦反射镜遇上就被牢牢地粘在镜面上。当敌方地基激光器向反射镜发射激光束时，镜头上的胶粒便迅速溶化、碳化，在镜面上造成污损。污损后的镜面因不能反射而吸收热能，或是烧蚀，或是受热变形，而使反射镜失去战斗力。即使敌方知道镜面被污损了，也无能为力。因为到太空中去进行清洁是不可能的。

这样，只在要防护的要塞上空布了重重烟幕，敌方的激光武器也就无计可施了。

三、以假乱真造回波

过去人们可以用制造假的回波干扰和迷惑雷达，能不能用激光间波来干扰和迷惑敌方的激光武器系统呢？为此，国外已开始了有关项目的研究，并取得了一定的成果。

制造假的激光回波的前提，是要准确地侦察和探测到敌方激光的波长频率，否则是不起作用的，这也正是激光难以被干扰的重要原因。

激光回波的干扰，就是在已探知敌方激光束的波长、光强和脉冲编码等条件下，立即用相同参数的强激光束，照射到假目标上（如一块镜子或一块石头），这样，敌方发射的激光制导炸弹或导弹，便紧紧"咬住"假目标所反射的回波进行攻击，从而达到保护真正目标的目的。这种干扰的关键有两点：一是要与敌方发射的激光参数严格相同，包括编码。二是假目标上所产生的回波，强度要比敌方照射目标上所反射的回波要强。

需要指出的是，对于采用复合式制导或攻击的激光武器，也只能采用复合的对抗方法，否则即使干扰了激光系统，其他系统仍然可以继续工作，达不到防护的目的。

四、喇曼移频消隐患

随着激光器在火控系统和其他武器系统中使用的普及，导致了训练中人眼损伤的机会的增加，因而迫切需要一种目视安全激光器。

由于人的眼睛是一种特殊的光学系统，对不同的频率有着不同的效应，所以不同波长的激光对眼睛的损伤能力也不相同。经试验，1.55 微米波长的激光，对眼睛的损伤最小，相对而言，是一种对人眼比较"安全"的激光。

目前所实现的激光器中，除了玻璃激光器外，能激发出 1.55 微米波长的激光器极少，而大量使用的是 1.06 微米的钇铝石榴石激光器。因为它的效率很高，坚固耐用，稳定性好，可以满足所有军事环境条件的要求，所以在测距、瞄准、对抗、侦察中使用极为广泛。

为了解决这个问题，目前比较多的是使用一种喇曼移频技术，将 1.06 微米的激光，变频为 1.54 微米的激光，使之达到目视安全的波长。

喇曼移频器俗称喇曼盒，其中装有一支充满气体的管子，激光在里面经一二次振荡后又输出，达到了移频的目的。由于甲烷气体转换效率高，达 40%以上，所以被广泛选用，又因喇曼盒常常与激光器制成同体结构，故又被称之为喇曼激光器。

喇曼移频除所输出的激光目视安全外，还有可调 Q 开关和良好的大气穿透性，目前已在可标搜索系统（TAS）、测距系统和炮瞄系统采用，给士兵们一种安全感。

五、护目尚需护目镜

现代战场上对激光防护的部位，最重要、最迫切的也就是战斗人员的眼睛了。通常被视为无害的激光，如直接作用到人的眼睛上，也会造成人的视力的永久性损伤。

目前在人眼对激光的防护研究工作方面，美国比较积极，美国国防部每年都要花费 1 亿美元，专款专用进行研究。

在护目镜方案中，从理论上已经提出了好几种：

相变开关。一种被称为氧化钒的物体，有一种"半导体相变"的特性，因为相对来讲，半导体对辐射"不透明"，金属对辐射是"透明"的。当光功率较低时，这种物质起着玻璃的作用；当光功率较高时，物质被加热到相变点以上而变成金属吸收体。利用这种特性来吸收激光，保护眼睛。但要使相变发生转变时间很短，一般应在几个毫秒以内，薄膜必须镀得很薄，因此薄膜极易损坏。一种电敏材料也可实现相变开关，但需用具有快速响应时间的辅助激光系统来产生相变，使其结构复杂，故实用的可能性很小。

自感应光栅。相干波进入非线性光学材料，会使材料密度产生一种周期性的变化，从而使折射率也发生周期性变化，产生能使同一波长光散射的光栅。激光愈强，光栅作用愈明显，因而弱光可以基本透射，而将强光散射。理论上讲这种方案较为理想，但迄今为止，人们还没有找到一种能产生足够的响应效应的材料。

自感应聚焦。非线性材料的折射率变化，可用在聚焦方案中实现相干光束与非相干光束的分离，但已知材料中尚无足够折射率变化者可供选用。

全息图衍射。美军已在 7.7 厘米厚的玻璃上镀膜，用作坦克的观察窗口。这种玻璃上带有光敏胶，胶上压制有衍射全息图，能使特定激光束散射。同时，这种玻璃可消除 30 毫米口径穿甲弹的威胁。当子弹射中后，玻璃可能会被击碎，但后衬的聚碳酸酯衬底会吸收玻璃碎片，从而保护车内乘员，一举两得。

非均匀性造成的散射。高度挥发性的非线性液体，吸收高强度的相干辐射后，能引起局部沸腾的散射，但至今还未找到可行的材料。

牺牲镜子，在镜面镀上挥发性物质薄膜，则在吸收高强度的激光辐射后，薄膜会蒸发，从而使镜子与光学系统不耦合。这种镜子的缺点是只能用一次。

梯度透镜。利用不同的波长和反射率之间的梯度关系，配合衍射全息光学技术，制成眼镜滤光片。这种挡光滤光片的特点，是在低能阈值下作用，除用于护目镜外，还能用于其他防护设备。罗彻斯特梯度透镜公司，第一阶段就获得了 50 万美元的护眼梯度透镜的拨款，用于研究和发展能阻挡激光能量对人眼有害效应的滤光片设计。此项计划由陆军皮卡蒂尼兵工厂领导。

镜面反射。据报道，美国 EDO 公司研制出了一种新的防激光护目镜，以

激光护目镜

保护士兵宝贵的眼睛。这种眼镜看起来像太阳镜，但镀膜配方尚属保密，只知道是采用一种染料和一种特殊的滤光镜的混合方法；采取镜面反射的方案由来已久，按照常规来讲，像激光器的谐振腔一样镀上反射膜就行了。殊不知激光的相干性特别好，也就是说，激光这种光太"纯"了，一种反射膜只能反射一种频率的激光，所以至今还没有出现过理想的可以防激光的"太阳镜"。

以快制快用激光。据专家论证和计算机模拟，将来最有效的激光对抗措施，仍将是激光武器。特别是对付激光制导和激光束能武器，变被动防护为主动防护。因为激光束的辐射具有光一样的速度，任何飞行的导弹，相对来说都是"低速"的。从发射到击中目标仅是一瞬间的事，也不需要提前量，可以使敌方"先发而不制人"。特别是在"星球大战"中，最有效的防护手段就是"以光还光"，用天基或陆基激光器将敌方的激光发射和反射系统击毁。无疑，未来"星球大战"将会是一场"激光大战"了。

知识点

折射率

光从真空射入介质发生折射时，入射角 γ 的正弦值与折射角 β 正弦值的比值（$\sin\gamma/\sin\beta$）叫做介质的"绝对折射率"，简称"折射率"。它表示光在介质中传播时，介质对光的一种特征。

海湾战争

海湾战争，1991 年 1 月 17 日～2 月 28 日，以美国为首的多国联盟在联合国安理会授权下，为恢复科威特领土完整而对伊拉克进行的局部战争。1990年 8 月 2 日，伊拉克军队入侵科威特，推翻科威特政府并宣布吞并科威特。以美国为首的多国部队在取得联合国授权后，于 1991 年 1 月 16 日开始对科威特和伊拉克境内的伊拉克军队发动军事进攻，主要战斗包括历时 42 天的空袭、在伊拉克、科威特和沙特阿拉伯边境地带展开的历时 100 小时的陆战。多国部队以较小的代价取得决定性胜利，重创伊拉克军队。伊拉克最终接受联合国660 号决议，并从科威特撤军。